"数智创艺"

人工智能与艺术设计新形态精品系列

短视频剪辑、调色与特效制作

DeepSeek+Premiere

于众 袁徐庆 景子轩◎编著

人民邮电出版社

北 京

图书在版编目（CIP）数据

短视频剪辑、调色与特效制作 ：全彩微课版 ：
DeepSeek+Premiere / 于众，袁徐庆，景子轩编著.
北京 ： 人民邮电出版社，2025. -- （"数智创艺"人工
智能与艺术设计新形态精品系列）. -- ISBN 978-7-115
-67160-8

Ⅰ. TP317.53

中国国家版本馆CIP数据核字第2025HE6069号

内 容 提 要

本书从使用 DeepSeek 与 Premiere Pro 2022 创作短视频出发，从基本的应用讲起，采用基础知识讲解与案例实操结合的形式，对短视频的策划、拍摄、字幕、音频、动画、抠像、调色、特效、转场等创作技巧进行了全面、细致的介绍。

全书共 11 章，内容包括短视频入门知识、Premiere 剪辑快速上手、短视频剪辑基础操作、短视频字幕设计、短视频音频处理、短视频动画制作、抠像与蒙版、短视频调色、视频效果、视频过渡和综合案例。本书不仅可以让新手制作出精彩的短视频，还可以让有一定后期剪辑基础的读者掌握更多创意效果的制作方法。

本书内容全面，条理清晰，通俗易懂，易教易学，可作为本科院校、职业院校相关专业课程的教材，还可作为短视频创作者、剪辑爱好者、自媒体工作者的参考书。

◆ 编　著　于　众　袁徐庆　景子轩
　　责任编辑　许金霞
　　责任印制　胡　南

◆ 人民邮电出版社出版发行　　北京市丰台区成寿寺路 11 号
　　邮编　100164　　电子邮件　315@ptpress.com.cn
　　网址　https://www.ptpress.com.cn
　　雅迪云印（天津）科技有限公司印刷

◆ 开本：787×1092　1/16
　　印张：14　　　　　　　　　　2025 年 6 月第 1 版
　　字数：376 千字　　　　　　　2025 年 6 月天津第 1 次印刷

定价：69.80 元

读者服务热线：(010)81055256　印装质量热线：(010)81055316
反盗版热线：(010)81055315

PREFACE

现如今最流行、最火爆的当属短视频，其具有年轻化、去中心化的特点，且能使每个人成为主角，符合年轻人彰显自我和追求个性的特点。短视频行业的蓬勃发展也使得短视频拍摄、剪辑等人才的需求加大。基于此，我们组织老师编写了本书。

本书对 Premiere Pro 2022 的应用功能及操作技巧进行讲解，并结合 DeepSeek 工具讲解短视频脚本制作创意方案生成、给视频配乐、文案生成等相关知识，精选内容创作平台的热门案例，帮助读者掌握短视频的制作方法。读者通过掌握本书系统性的知识结构，不仅可以了解软件的各项功能，还能培养自己的创新思维和审美意识，最终掌握从项目策划到后期制作的一系列操作技巧。

本书特色

本书采用基础知识讲解 + 实操案例的形式，对策划、拍摄、字幕、音频、动画、抠像、调色、特效、转场等各类短视频创作技巧进行了全面、细致的介绍。章结尾安排了"案例实战"及"知识拓展"板块，"案例实战"旨在培养读者自主学习 + 实践能力，"知识拓展"对短视频制作过程中的疑难点进行了分析，以帮助读者掌握专业级的视频编辑技巧。

● **全程图解，更易阅读**。本书采用全程图解的方式，详细讲解短视频策划、拍摄与后期制作的全过程。

● **理论与实操结合，边学边练**。本书针对软件中的重难点知识设置了相关的实操案例，可操作性强，使读者能够学以致用。

● **精选案例，重在启发**。案例充分结合 DeepSeek 与 Premiere Pro 2022 的应用，涵盖了目前较为流行的短视频的类型、主要特点以及制作思路等，以启发读者的创作灵感。

● **视频讲解，学习无忧**。实操案例配有同步学习视频，读者在学习时扫码即可观看，有助于提高学习效率。

内容概述

本书共 11 章，各章内容安排如下。

章	内容导读	难度指数
第 1 章	主要介绍短视频的特点、类型、构成要素，短视频的制作流程，以及短视频的剪辑术语和 DeepSeek 在短视频制作中的应用等	★ ☆ ☆
第 2 章	主要介绍 Premiere Pro 2022 的基础操作、项目和素材的基础操作、项目的输出等	★ ☆ ☆
第 3 章	主要介绍剪辑的基础操作，如不同剪辑工具的应用、素材剪辑的方式等	★ ★ ☆
第 4 章	主要介绍短视频字幕设计，包括创建文本的方式、编辑和调整文本的操作等	★ ★ ☆
第 5 章	主要介绍短视频音频处理的操作，包括软件预设的音频效果、音频关键帧、音频过渡效果等	★ ★ ★
第 6 章	主要介绍短视频中动画效果的制作，包括关键帧的添加与管理、关键帧插值的设置等	★ ★ ★
第 7 章	主要介绍抠像与蒙版技术的应用，包括抠像技术的作用、常用的抠像效果、蒙版和跟踪效果的应用等	★ ★ ★
第 8 章	主要介绍短视频的调色操作，包括控制类调色效果、过时类调色效果、颜色校正类调色效果等	★ ★ ☆
第 9 章	主要介绍短视频视频效果的应用，包括视频效果的添加与编辑、常用视频效果等	★ ★ ★
第 10 章	主要介绍短视频过渡效果的添加与应用，包括视频过渡效果的添加与编辑、常用视频过渡效果等	★ ★ ☆
第 11 章	3 个综合案例的解析和制作思路，包括美食节目片头特效、宠物电子相册、文旅宣传短片	★ ★ ☆

编者在本书编写过程中力求严谨细致，但由于时间与精力有限，难免存在疏漏之处，望广大读者批评指正。

编　者

2025 年 6 月

C O N T E N T S

目录

第 1 章 1
短视频入门知识

1.1 认识短视频 2
1.1.1 短视频的特点 2
1.1.2 短视频的类型 2
1.1.3 短视频的构成要素 5
1.2 短视频制作流程 6
1.2.1 主题定位 6
1.2.2 脚本撰写 6
1.2.3 视频拍摄 7
1.2.4 后期制作 7
1.2.5 发布运营 8
1.3 短视频剪辑常识 8
1.3.1 短视频剪辑术语 8
1.3.2 常用素材格式 9
1.3.3 短视频剪辑方式 10
1.4 DeepSeek 在短视频制作中的应用 11
1.4.1 创意脚本设计 11
1.4.2 素材生成与处理 12
1.4.3 数据分析与建议 13
1.5 AIGC 在短视频制作中的应用 13
1.5.1 内容创作辅助 13
1.5.2 智能剪辑和混剪 14
1.5.3 视频合成 14
1.6 知识拓展 15

第 2 章 16
Premiere 剪辑快速上手

2.1 Premiere 软件入门 17
2.1.1 Premiere 软件的功能 17
2.1.2 Premiere 软件的界面构成 18
2.1.3 视频制作大致流程 19
2.1.4 实操案例：调整界面亮度 20
2.2 项目的基础操作 21
2.2.1 新建项目 21
2.2.2 打开项目 22
2.2.3 保存项目 22
2.2.4 关闭项目 22
2.3 素材的基础操作 22
2.3.1 素材的导入 22
2.3.2 素材的新建 23
2.3.3 素材的整理 23
2.3.4 实操案例：调整图像显示效果 27
2.4 项目输出 28
2.4.1 输出前的准备工作 28
2.4.2 输出设置 29
2.4.3 AIGC 实操案例：我的第一个
短视频 32
2.5 案例实战：输出 MP4 格式
短视频 36
2.6 知识拓展 38

第 **3** 章 40
短视频剪辑基础操作

3.1 剪辑工具的应用.....................41
3.1.1 选择工具 41
3.1.2 选择轨道工具 41
3.1.3 波纹编辑工具 41
3.1.4 滚动编辑工具 41
3.1.5 比率拉伸工具 42
3.1.6 剃刀工具 43
3.1.7 内滑和外滑工具 43
3.1.8 实操案例：闪屏短视频 44
3.2 素材剪辑.............................45
3.2.1 在监视器面板中剪辑素材 45
3.2.2 在"时间轴"面板中编辑素材...47
3.2.3 实操案例：定格拍照短视频...........49
3.3 AIGC 案例实战：立春主题短视频...52
3.4 知识拓展.............................56

第 **4** 章 58
短视频字幕设计

4.1 创建文本.............................59
4.1.1 文字工具 59
4.1.2 "基本图形"面板 59
4.1.3 AIGC 实操案例：打字效果...........60
4.2 编辑和调整文本 63
4.2.1 "效果控件"面板 63
4.2.2 "基本图形"面板 66
4.2.3 实操案例：综艺花字效果 ...67
4.3 AIGC 案例实战：短视频标题制作...70
4.4 知识拓展.............................75

第 **5** 章 76
短视频音频处理

5.1 音频效果的应用.....................77
5.1.1 "振幅与压限"音频效果 77
5.1.2 "延迟与回声"音频效果 79
5.1.3 "滤波器和 EQ"音频效果...........80
5.1.4 "调制"音频效果 81
5.1.5 "降杂 / 恢复"音频效果 82
5.1.6 "混响"音频效果 82
5.1.7 "特殊效果"音频效果 83
5.1.8 "立体声声像"音频效果 84
5.1.9 "时间与变调"音频效果 84
5.1.10 其他音频效果...............84
5.1.11 实操案例：短视频音频降噪........84
5.2 音频的编辑 85
5.2.1 音频关键帧 85
5.2.2 音频持续时间...............86
5.2.3 音频过渡效果...............87
5.2.4 AIGC 实操案例：为短视频配乐....87
5.3 AIGC 案例实战：夏日午后短视频...89
5.4 知识拓展.............................91

第 **6** 章 93
短视频动画制作

6.1 认识关键帧.............................94
6.1.1 什么是关键帧...............94
6.1.2 添加关键帧 94
6.1.3 AIGC 实操案例：拍摄记忆短视频
动态效果 95
6.2 管理关键帧.............................98
6.2.1 移动关键帧 98

6.2.2 复制关键帧 ………………………99

6.2.3 删除关键帧 ………………………99

6.2.4 实操案例：呼吸灯文字动画
　　　效果 …………………………100

6.3 关键帧插值 ………………………103

6.3.1 临时插值 …………………………103

6.3.2 空间插值 …………………………104

6.3.3 实操案例：短视频加载动画
　　　效果 …………………………104

6.4 案例实战：旅行短视频片头 ……106

6.5 知识拓展 ……………………………110

第 7 章 …………………………111
抠像与蒙版

7.1 认识抠像 ……………………………112

7.1.1 什么是抠像 ………………………112

7.1.2 为什么要抠像 ……………………112

7.2 常用抠像效果 ……………………112

7.2.1 Alpha 调整 ………………………112

7.2.2 亮度键 ……………………………113

7.2.3 超级键 ……………………………113

7.2.4 轨道遮罩键 ………………………114

7.2.5 颜色键 ……………………………115

7.2.6 AIGC 实操案例：奇幻世界画面 …115

7.3 蒙版和跟踪效果 …………………117

7.3.1 什么是蒙版 ………………………118

7.3.2 蒙版的创建与管理 ………………118

7.3.3 蒙版跟踪操作 ……………………118

7.3.4 实操案例：模糊屏幕画面 ………119

7.4 AIGC 案例实战：模糊人物面部 …120

7.5 知识拓展 ……………………………123

第 8 章 …………………………124
短视频调色

8.1 控制类调色效果 …………………125

8.1.1 颜色过滤 …………………………125

8.1.2 颜色替换 …………………………125

8.1.3 灰度系数校正 ……………………126

8.1.4 黑白 ………………………………126

8.1.5 AIGC 实操案例：主体的色彩
　　　聚焦效果 …………………………126

8.2 过时类调色效果 …………………128

8.2.1 RGB 曲线 …………………………128

8.2.2 通道混合器 ………………………129

8.2.3 颜色平衡 …………………………129

8.2.4 实操案例：清新色调调整 …………130

8.3 颜色校正类调色效果 ………………131

8.3.1 ASC CDL …………………………131

8.3.2 亮度与对比度 ……………………132

8.3.3 Lumetri 颜色 ……………………132

8.3.4 广播颜色 …………………………133

8.3.5 色彩 ………………………………134

8.3.6 视频限制器 ………………………134

8.3.7 颜色平衡 …………………………134

8.3.8 实操案例：短视频画面优化 ………135

8.4 通道类调色效果 …………………136

8.5 案例实战：季节变换效果 ………137

8.6 知识拓展 ……………………………139

第 9 章 …………………………141
视频效果

9.1 认识视频效果 ……………………142

9.1.1 视频效果组 ………………………142

9.1.2 编辑视频效果..................142

9.2 "变换"视频效果...................143

9.2.1 垂直翻转 143

9.2.2 水平翻转 143

9.2.3 羽化边缘 144

9.2.4 自动重构 144

9.2.5 裁剪 144

9.2.6 实操案例：黑幕开场效果 145

9.3 "实用程序"视频效果............146

9.4 "扭曲"视频效果..............146

9.4.1 镜头扭曲 147

9.4.2 偏移 147

9.4.3 变形稳定器 147

9.4.4 变换 147

9.4.5 放大 147

9.4.6 旋转扭曲 148

9.4.7 果冻效应修复 148

9.4.8 波形变形 148

9.4.9 湍流置换 148

9.4.10 球面化 149

9.4.11 边角定位 149

9.4.12 镜像 149

9.4.13 实操案例：老电视播放效果.......149

9.5 "时间"视频效果...................151

9.5.1 像素运动模糊..................151

9.5.2 时间扭曲 151

9.5.3 残影 152

9.5.4 色调分离时间..................152

9.6 "杂色与颗粒"视频效果 152

9.7 "模糊与锐化"视频效果 152

9.7.1 相机模糊 153

9.7.2 减少交错闪烁..................153

9.7.3 方向模糊 153

9.7.4 钝化蒙版 153

9.7.5 锐化 153

9.7.6 高斯模糊 154

9.7.7 AIGC 实操案例：方向模糊

转场效果 154

9.8 "生成"视频效果...................156

9.8.1 四色渐变 156

9.8.2 渐变 157

9.8.3 镜头光晕 157

9.8.4 闪电 157

9.8.5 实操案例：四色唯美色调 157

9.9 "调整"视频效果...................159

9.9.1 提取 159

9.9.2 色阶 159

9.9.3 ProcAmp 159

9.9.4 光照效果 160

9.10 "过渡"视频效果 160

9.10.1 块溶解 160

9.10.2 渐变擦除 160

9.10.3 线性擦除 160

9.11 "透视"视频效果...................161

9.11.1 基本 3D 161

9.11.2 投影 161

9.11.3 实操案例：玻璃划过效果 161

9.12 "风格化"视频效果 163

9.12.1 Alpha 发光 164

9.12.2 复制 164

9.12.3 彩色浮雕 164

9.12.4 查找边缘 164

9.12.5 画笔描边 164

9.12.6 粗糙边缘 165

9.12.7 色调分离 165

9.12.8 闪光灯 165

9.12.9 马赛克 165

9.12.10 实操案例：消散的文字效果.....165

9.13 AIGC 案例实战：短视频谢幕

效果 167

9.14　知识拓展 171

第 10 章 172
视频过渡

10.1　视频过渡效果的编辑 173

10.1.1　添加视频过渡效果 173

10.1.2　编辑视频过渡效果 173

10.1.3　AIGC 实操案例：图片集切换
　　　　动效 174

10.2　视频过渡效果的应用 181

10.2.1　"3D 运动"视频过渡效果 181

10.2.2　"划像"视频过渡效果 181

10.2.3　"页面剥落"视频过渡效果.......182

10.2.4　"滑动"视频过渡效果 182

10.2.5　"擦除"视频过渡效果 183

10.2.6　"缩放"视频过渡效果 186

10.2.7　"内滑"视频过渡效果 186

10.2.8　"溶解"视频过渡效果 187

10.2.9　实操案例：片头字幕切换效果...188

10.3　AIGC 案例实战：橙子宣传短片 ... 190

10.4　知识拓展 196

第 11 章 197
综合案例

11.1　美食节目片头特效 198

11.1.1　案例分析 198

11.1.2　制作思路 198

11.2　宠物电子相册 202

11.2.1　案例分析 202

11.2.2　制作思路 203

11.3　文旅宣传短片 208

11.3.1　案例分析 208

11.3.2　制作思路 209

附　　录 213
Premiere Pro 高频快捷键汇总

微课视频清单

第2章	我的第一个短视频			
第3章	闪屏短视频	定格拍照短视频	立春主题短视频	
第4章	打字效果	综艺花字效果	短视频标题制作	
第5章	短视频音频降噪	为短视频配乐	夏日午后短视频	
第6章	拍摄记忆短视频动态效果	呼吸灯文字动画效果	短视频加载动画效果	旅行短视频片头
第7章	奇幻世界画面	模糊屏幕画面	模糊人物面部	
第8章	水中的一抹红	清新色调调整	短视频画面优化	季节变换效果
第9章	方向模糊转场效果	四色唯美色调	玻璃划过效果	消散的文字效果	短视频谢幕效果
第10章	图片集切换动效	片头字幕切换效果	橙子宣传短片	
第11章	美食节目片头特效	宠物电子相册	文旅宣传短片	

第1章

短视频入门知识

短视频是目前较为流行的内容创作形式，在用户中具备较为广泛的传播力和影响力。本章将从短视频的基础知识出发，对短视频的特点、类型、制作流程、剪辑常识，视频热门剪辑工具等内容进行介绍，帮助用户快速了解短视频。

短视频即短片视频，是一种时长较短的视频内容形式。随着移动终端的普及和网络的提速，短视频的传播力逐渐提高，备受广大观众喜爱。本节将从短视频的特点、类型等角度出发对短视频进行介绍。

1.1.1 短视频的特点

短视频有别于长视频，具备短小精悍、内容紧凑、形式多样等特点，如图1-1所示。

图 1-1

● 短小精悍：时长短是短视频的核心特点。时长一般在5分钟以内，甚至几秒钟，适合当代人快节奏的生活及碎片化的浏览习惯。

● 内容紧凑：短时长促使短视频以高度凝结和浓缩的内容来吸引观众，突出主题，并传达明确的信息或情感价值。

● 形式多样：短视频的表现形式多样，常见的包括情景模拟、剧情片段、知识传播、生活分享、新闻速览等。

● 制作简单：短视频创作的门槛低，创作者使用智能手机即可进行简单的拍摄与剪辑，大大方便了普通用户的创作。

● 互动性强：目前主流的短视频平台大都具备评论、点赞、分享等互动功能，这有利于内容的传播。

● 商业价值显著：随着短视频的普及，其商业价值也逐渐显露。短视频创作者可以通过内容植入、直播等方式进行变现。

1.1.2 短视频的类型

短视频具有丰富的类型，如生活分享类、娱乐搞笑类、科普教育类等。不同的大类又可以细分为多种小类。

1. 生活分享类

生活分享类是最常见的短视频类型之一，也是大多数用户创作短视频的开始。该类型短视频涵盖了广泛的日常生活领域，包括Vlog、生活技巧分享、生活方式展示等多种不同的内容。这类视频给人真实、亲近的感受，能够快速建立起观众与作者之间的情感共鸣。图1-2~图1-4所示为@文旅徐州拍摄的纪实类短视频片段。

2. 娱乐搞笑类

娱乐搞笑类在短视频领域也具有较高的流量。该类型短视频常以夸张搞怪的表演和剪辑手法来制造笑料，迅速吸引观众的注意力，让观众在闲暇之余能够放松心情，缓解压力。这类视频内容包含搞笑段子、明星模仿、萌宠趣事、音乐短视频、表演短视频、剧情短视频等。图1-5~图1-7所示为网友拍摄的宠物搞笑类短视频片段。

图 1-2

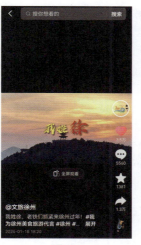

图 1-3

图 1-4

图 1-5

图 1-6

图 1-7

3. 科普教育类

随着短视频在大众生活中的传播，用户年龄也在向两端渗透，即青少年群体和中老年群体的使用率都有所增长，与之相呼应的是科普教育类短视频的广泛传播。该类型短视频以知识技能分享为主，包括学科知识点的科普、技能教学等，可满足部分用户的求知需求。图1-8~图1-10所示为医学科普类短视频片段。

图 1-8

图 1-9

图 1-10

3

4. 新闻类

随着网络的发展，新闻传播也从传统的纸媒开拓出其他的传播形式，包括电视新闻、线上新媒体新闻及短视频新闻等。新闻类短视频将传统的新闻内容和短视频相结合，通过短小精悍的视频内容快速传递核心新闻信息，增强了新闻的互动性和传播性。图1-11~图1-13所示为新闻类短视频片段。

图 1-11　　　　　　　　　图 1-12　　　　　　　　　图 1-13

除了专业媒体制作外，新闻类短视频还支持普通用户参与新闻事件的记录和传播，使新闻来源和视角更加广阔。

5. 动画特效类

动画特效类短视频是通过动画技术和视觉特效制作的短片，视觉效果新颖独特，具有较高的技术要求，如CG技术、三维建模、虚拟现实技术等，在视觉表现和艺术表现方面更为震撼。图1-14~图1-16所示为网友利用AIGC技术制作的服装秀特效片段。

图 1-14　　　　　　　　　图 1-15　　　　　　　　　图 1-16

6. 营销推广类

营销推广类短视频是企业或个人为了推广品牌、产品等制作的视频内容。它抓住了当代用户碎片化收集信息的习惯，在短时间内快速向用户介绍品牌或产品的核心特点，传达关键营销信息。与其他营销推广手段相比，短视频推广的成本更低，结合大数据可以更加精准地将短视频推送给目标受众，获得更高的回报率。图1-17~图1-19所示为某护肤品企业的企业文化宣传片段。

<table>
<tr><td>图 1-17</td><td>图 1-18</td><td>图 1-19</td></tr>
</table>

1.1.3 短视频的构成要素

短视频的构成要素有很多，这些要素协同制作出完整且高质量的短视频作品，其中最核心的要素包括内容、叙事结构与节奏、视觉表现、视频配乐、封面与标题及视频标签与内容简介。

1. 内容

内容是短视频最基础的核心元素，是吸引用户注意力的关键。优质的内容可以引发用户的兴趣，促使用户完整观看及进行二次分享，从而提高视频的曝光度和影响力。短视频创作者需要精心挑选主题，确保内容新颖、有趣或具有意义。

2. 叙事结构与节奏

叙事结构与节奏在短视频领域起着重要的作用，合理的叙事结构可以引导观众关注视频的核心内容和主题，有效地传递信息；节奏在视频中起着情绪表达的作用，可以配合内容营造出紧张刺激或宁静舒缓的氛围，引发观众共鸣，提升观看体验。

3. 视觉表现

视觉表现是观众对短视频最直观的视觉印象。高质量的画面、恰当的拍摄方式及流畅的后期制作保证了视觉的表现力和观赏性，可以显著提升短视频的艺术性和专业度，使其内容更具吸引力，如图1-20所示。

图 1-20

4. 视频配乐

配乐也是短视频不可或缺的构成部分，决定了短视频的基调。合适的配乐和音效能够增强短视频的情感表达，使内容更加引人入胜。此外，清晰的语音解说或对话也同样重要，尤其是在传递具体信息时。

5. 封面与标题

封面与标题对于短视频来说非常重要。标题是短视频内容最直接的呈现形式，是吸引用户关注并观看的敲门砖。一个好的封面与标题可以吸引观众的注意力，增加短视频的点击率和观看率，同时也能传达短视频的主题思想。

6. 视频标签与内容简介

精准的标签和醒目的内容简介可提高短视频在平台上的可见度，使其更容易被目标用户发现。标签应与短视频内容相关联，能够概括短视频的主题和特点。而内容简介则应该简短明了，吸引用户的眼球，同时能够概括短视频的主要内容和亮点。

1.2 短视频制作流程

短视频制作流程一般可以分为主题定位、脚本撰写、视频拍摄、后期制作和发布运营五个步骤，如图1-21所示。下面分别对各个步骤进行介绍。

图 1-21

1.2.1 主题定位

主题定位是短视频制作的核心步骤，决定了短视频的制作方向、风格和目标受众等。在定位短视频主题时，需要考虑以下因素。

1. 市场趋势

市场趋势是指当前和未来一段时间内，社会上普遍关注的话题或流行趋势。短视频主题可以跟随市场趋势，来满足观众的需求和兴趣。例如，节假日期间，旅游和特色美食类主题短视频可能更受欢迎。短视频创作者了解当前短视频热门趋势，选择符合当前趋势的主题，可以更容易吸引观众并获得流量。

此外，在短视频市场中，不同的主题和内容形式可能会存在空白。通过分析市场需求，寻找这些空白并制作相应的短视频，可以获得更多的关注和流量。例如，一些冷门的知识领域或独特的生活技巧可能没有足够的短视频资源，制作相关主题的短视频就可以填补市场空白。

2. 目标观众

主题定位需要了解和分析目标观众。短视频创作者需要考虑他们的观众是谁，观众的兴趣、偏好以及观看短视频的习惯，这有助于短视频创作者制作出更符合观众口味的内容。例如，年轻观众可能更喜欢与时尚和娱乐相关的内容，而年长观众可能更偏爱与教育或健康相关的内容。

3. 持续性内容

主题定位也要考虑到短视频内容的持续性和一致性。成功的短视频创作者通常会围绕特定的主题创建一系列短视频，以此来建立品牌认同感和观众忠诚度。例如，一个专注于户外冒险的短视频博主可能会发布一系列关于不同旅行地的短视频，从而吸引对户外活动感兴趣的观众。创作者通过不断优化主题和内容形式，可以保持与观众的兴趣和需求相符合，从而保持短视频的关注度和流量。

4. 内容特色

主题定位需有创新性和独特性。在短视频内容泛滥的时代，创作者需要通过独特的角度或方法呈现内容创作的主题，使自己的作品在众多短视频中脱颖而出。这可能包括使用创新的拍摄技巧、独特的叙事方式和新颖的视觉效果。

1.2.2 脚本撰写

确定短视频主题后，就可以根据主题撰写脚本了。脚本是拍摄制作短视频的依据，通过撰写脚本可以明确短视频的总体架构和详细布局，并提前准备拍摄需要的道具等内容，提高拍摄效率。在进行后期制作时，短视频创作者也可以根据脚本快速定位素材，减少反复修改的问题。撰写脚本时应保证叙事的连贯性和节奏感，使短视频的整体逻辑清晰，前后过渡自然。

当然，脚本撰写是一个复杂的过程。它需要短视频创作者用文字精确地描绘出故事场景、故事氛围、情节线索、人物动作和对话，为演员和导演提供明确的指导。与传统电影、电视剧的脚本相比，短视频的脚本在创意性和技术性上要更强一些。因为短视频要在有限的几分钟内，通过紧凑的叙事，创造出引人入胜的故事情节，以此吸引观众，获得更多的流量。

1.2.3 视频拍摄

确定了主题，有了完整的剧本，接下来就要进入短视频拍摄阶段了。要想拍摄出理想的画面效果，短视频创作者可通过以下几个方面来进行。

1. 选择合适的拍摄环境

拍摄环境一定要与拍摄主题相适应。无论是户外还是室内，都要确保背景干净整洁。此外，短视频创作者也要注意光线的使用。尽量选择自然光线，避免过暗或过亮的环境影响画面质量。

2. 调整合适的拍摄角度

尝试不同的角度可以增加画面视觉吸引力和独特性。较低的拍摄角度可以增强画面的真实感；较高的拍摄角度可以展示画面的宽广辽阔感。不断尝试不同的角度和图像组合，可营造出不同的场景氛围和画面效果。

3. 保持稳定的拍摄画面

对于利用手机拍摄的人来说，应尽量借助防抖器材，如三脚架、手机支架、防抖稳定器等。这些器材可以很好地避免短视频创作者在拍摄过程中出现的画面晃动现象。

4. 丰富多样的镜头画面

拍摄画面一定要有变化，不要一种焦距、一个姿势一拍到底。短视频创作者要灵活运用镜头切换（推镜、拉镜、跟镜、摇镜等）、镜头景别（远景、近景、中景、特写等）切换来丰富短视频画面。

> **提示：**
>
> 　　除通过以上方式拍摄短视频外，创作者还可以使用其他方式来组建短视频内容。例如，通过网络收集视频素材。尽可能多的素材可以启发创作者的创作思路，丰富短视频内容。但要注意的是，短视频创作者在采集素材时应选择合法合规的方式，确保获得的素材没有侵权风险，以免后续产生纠纷。

1.2.4 后期制作

后期制作是进行短视频创作的重要环节，包括素材的筛选与整理、剪辑与拼接、特效处理、调色和音频处理、输出和审核等多个环节。后期制作决定了短视频最终呈现的效果。常见的短视频后期制作流程大致如下。

（1）素材的筛选与整理

短视频创作者要将所有选定的素材导入剪辑软件中，按照剧本的框架和情节顺序，将每个场景的镜头拼接在一起。这个阶段主要关注的是故事的流畅性和完整性，以及镜头的转换和过渡是否自然。

（2）剪辑与拼接

对短视频的节奏、画面、音效等方面进行精细调整。该阶段需要关注短视频的整体氛围、视觉效果和观众观感。短视频创作者要通过剪辑、缩放、变速、调色等方式对画面进行优化，同时也要对音效进行处理，以达到最佳的视听效果。

（3）特效处理

根据画面需要，创作者会对短视频进行一些特效处理，如转场效果、滤镜等。这些特效可以增强短视频的视觉冲击力和艺术感。但需注意不要过度使用，以免影响观众观感。

（4）调色和音频处理

在剪辑的最后阶段，创作者需对短视频进行调色处理，以使画面更有美感。同时还要对音频进行处理，如调整音量、加入背景音乐等，以增强短视频的听觉效果。

（5）输出和审核

该阶段需要关注短视频的质量是否达到预期效果，是否符合主题和目标受众的需求，以及是否有任何技术问题或错误。

1.2.5 发布运营

短视频创作完成后，就要进入发布与运营阶段了。在短视频发布方面，选择发布时机比较关键。不同的平台和观众群体，在每天的不同时间段都有热度高峰。例如，对于年轻人而言，晚上和周末是他们观看短视频的主要时间段。因此，选择在这些时间段发布短视频，能够获得更多的曝光和关注。另外，要时刻关注热点事件和话题，抓住机会发布相关的短视频，以提高传播效果。

目前，较为主流的视频发布平台有抖音、快手、小红书、哔哩哔哩等，如图1-22所示。这些平台大多以亲民和多元化视频内容闻名，支持多种形式的视频内容，包括直播和短视频。

图 1-22

在短视频运营方面，互动是关键。与观众的互动能够提高用户的黏性和忠诚度。创作者可在短视频中设置提问，引导观众评论和互动；也可利用弹幕的形式，与观众进行实时互动；还可以通过发布有趣的挑战或互动活动，吸引观众参与并分享给更多的人。通过互动可与观众建立良好的互动关系，提高用户黏性和传播效果。

此外，在短视频运营过程中要实时监测后台反馈数据。通过对观众的点击率、转发率、观看时长等各项指标的分析，短视频创作者可以了解观众的喜好和行为，从而调整运营策略，提高短视频的传播效果和用户体验。

1.3 短视频剪辑常识

通过短视频剪辑可以对现有的短视频文件进行新的排列、混合等操作，从而创作出具有不同表现效果的短视频。本节将对短视频剪辑的常识进行讲解。

1.3.1 短视频剪辑术语

短视频剪辑的常用术语包括蒙太奇、分镜、转场、帧、帧速率、画面比例和分辨率等。本小节将对常用的短视频剪辑术语进行讲解。

1. 蒙太奇

蒙太奇源自法语，是一种剪辑理论。在电影艺术中，蒙太奇是指通过镜头有意识、有逻辑地排列与组合，将不同的镜头片段剪辑在一起，从而产生各个镜头单独存在时所不具有的含义。蒙太奇具有叙事和表意两大功能，一般可以分为叙事蒙太奇、表现蒙太奇、理性蒙太奇三种类型，这三种类型又可以进一步细分为平行蒙太奇、重复蒙太奇、心理蒙太奇、反射蒙太奇等多种类型。

2. 分镜

分镜是一种视觉预生产工具，在短视频、电影、电视、动画等领域中广泛应用。它是在实际拍摄或绘制之前，通过图表的方式来展现项目叙事流程的过程，一般以一次运镜为单位分解，并在图表中标注镜号、画面内容、描述、时间。

3. 转场

转场是指段落与段落、场景与场景之间的过渡或转换，是影视艺术中至关重要的组成部分。它服务于整体叙事结构，通过视觉效果或技巧将不同时间和空间的场景衔接起来，保证影片的连贯性和节奏感。

4. 帧

帧是影视动画中最小的时间单位。人们在电视中看到的影视画面其实都是由一系列的单个图片构成的，相邻图片之间的差别很小，这些图片连贯在一起播放就形成了活动的画面，其中的每一幅就是一帧。具有关键状态的帧被称为关键帧，两个状态不同的关键帧之间就形成了动画，关键帧与关键帧之间的变化由软件生成，两个关键帧之间的帧又称过渡帧。在影视制作中，可以通过添加关键帧创作动态的变化效果。

5. 帧速率

帧速率是指视频播放时每秒刷新的图片的帧数，帧速率越大，播放越流畅。一般来说，电影的帧速率是24帧/秒；PAL制式的电视系统的帧速率是25帧/秒；NTSC制式的电视系统的帧速率是29.97帧/秒。在影视剪辑过程中，短视频创作者应根据需要及素材设置帧速率。

6. 画面比例

画面比例即宽高比，常见的包括4：3（1.33：1）、16：9（1.78：1）、2.35：1（或2.39：1，宽银幕比例）、21：9（超宽银幕比例）等。

7. 分辨率

分辨率是指图像内包含的像素数量。

1.3.2 常用素材格式

短视频中一般会用到视频、图像及音频素材，在剪辑短视频之前先了解常用的视频、音频和图像格式，可以帮助用户更好地了解不同类型的素材，并通过编辑组合达到最佳效果。接下来将对常用的视频、音频和图像格式进行讲解。

1. 视频格式

视频格式实质是视频编码方式。常用的视频格式如表1-1所示。

表1-1

格式	简介
MPEG格式	即动态图像专家组格式，常用于VCD、SVCD、DVD
AVI格式	该格式允许短视频同步播放，应用较为广泛
ASF格式	该格式可以在网上实时观看，但图像质量略逊于VCD
MOV格式	该格式可用于存储常用数字媒体类型
WMV格式	该格式与ASF格式相似，同等质量下，该格式文件小，很适合在网上传输和播放
3GP格式	该格式是手机中最为常见的短视频格式
FLV格式	该格式形成的文件较小，加载速度很快，适用于网络观看短视频，应用较为广泛
RM格式	该格式可以实现在低速率的网络上进行影像数据实时传送和播放，也可以在不下载短视频的情况下在线播放，是目前主流的网络短视频格式

2. 音频格式

音频格式即音乐格式。常用的音频格式如表1-2所示。

表1-2

格式	简介
CD格式	该格式近似于无损，声音贴近原声，音质比较好，文件类型为"*.cda"。该格式文件并不包含声音信息，需要专门的抓音轨软件将该格式转换为其他格式才可以播放
WAVE格式	该格式用于保存Windows平台的音频信息资源，被Windows平台及其应用程序所支持。声音文件质量和CD格式相似，是目前PC上广为流行的声音文件格式，几乎适用于所有的音频编辑软件

格式	简介
AIFF格式	即音频交换文件格式，是苹果电脑的标准音频格式
MPEG格式	即动态图像专家组格式，以极小的声音失真换来较高的压缩率
MP3格式	该格式指的是MPEG标准中的音频部分，也就是MPEG音频层，音质略次于CD格式和WAV格式。该格式的音频文件小、音质好，较为流行
VQF格式	该格式是利用减少数据流量但保持音质的方法达到更高的压缩比，但大众认知程度较低
MIDI格式	该格式（*.mid）允许数字合成器与其他设备交换数据，在计算机作曲方面作用极大
WMA格式	该格式是利用减少数据流量但保持音质的方法达到比MP3更高的压缩率。该格式内置了版权保护技术，且适合在线播放
AMR格式	该格式适用于移动设备的音频，压缩率较高，但质量较差
APE格式	该格式为无损压缩音频技术，但压缩率较低

3. 图像格式

图像格式即图像存放的格式，常用的有JPEG、TIFF、PNG等。常用的图像格式如表1-3所示。

表1-3

格式	简介
RAW格式	该格式为无损压缩格式，文件大小略小于TIFF格式的文件
BMP格式	即位图格式，是Windows系统中最常见的图像格式。该格式与硬件设备无关，应用广泛
TIFF格式	即标签图像文件格式，是现存图像文件格式中最复杂的一种
GIF格式	即图形交换格式，是一种基于LZW算法的连续色调的无损压缩格式，压缩率一般在50%左右
JPEG格式	即联合照片专家组格式，是最常用的图像格式
PNG格式	即便携式网络图像格式，是网上接受的最新图像文件格式，能够提供无损压缩图像文件
EXIF格式	即可交换的图像文件格式，是一种数码相机图像格式
FPX格式	即闪光照片格式，拥有多重分辨率，当放大图像时仍可以保持图像的质量
SVG格式	即可缩放矢量图形格式，适用于设计高分辨率的Web图形页面
PSD格式	该格式是Photoshop图像处理软件的专用文件格式
CDR格式	该格式是CorelDRAW软件的专用图形文件格式
DXF格式	即图纸交换格式，是AutoCAD软件中的图形格式
EPS格式	即封装式页描述语言格式，常用于印刷或打印输出

1.3.3 短视频剪辑方式

线性编辑和非线性编辑是短视频剪辑的两种主要方式。这两种方式在制作方式、特点上都有较大的差异，下面对此进行介绍。

1. 线性编辑

线性编辑是一种传统的视频编辑方式，它依赖于磁带作为存储介质。在进行剪辑时，需要按照时间顺序逐帧或逐段地对原始素材进行操作。在编辑过程中如果要插入、移动或删除一个镜头，就必须从物理上切割并重新拼接磁带，这意味着所有后续的内容都需要重新进行相应的排列。线性编辑一般具有以下特点。

● 按序操作：必须按照素材的播放顺序进行剪接，不能随意跳跃到任意位置修改内容。

● 低灵活性：素材在磁带上按时间顺序排列，一旦编辑完成，再进行修改会相当烦琐且耗时。

● 多设备：一般需要使用放像机、录像机和编辑控制器等设备进行操作，编辑起来效率较低，尝试不同剪辑版本的成本较高。

随着数字技术的发展，线性编辑的使用率逐渐降低，其多用于一些特定场景，如老式影片修复、历史档案资料处理等。

2. 非线性编辑

非线性编辑是利用计算机软件及硬盘存储来实现的数字化编辑技术，它突破了单一的时间顺序编辑限制，可供短视频编辑者随时访问、编辑素材，而不需考虑原始录制顺序。非线性编辑一般具有以下特点。

- 高灵活性：不受时间轴限制，短视频编辑者可以随意移动、调整素材。
- 实时预览：支持实时查看短视频特效、色彩校正和多轨道同步混合的效果。
- 多轨道混编：在同一时间线上可以同时编辑多条音频和视频轨道。

非线性编辑是目前较为常用的编辑方式，广泛应用于电影制作、电视节目制作、纪录片、网络短视频、广告等领域，在极大程度上提高了内容创作的制作效率。图1-23所示为主人公练习乒乓球的场景，前一个镜头为刚开始练习的场景，后一个镜头就衔接了多年以后练习的场景。

图 1-23

1.4 DeepSeek 在短视频制作中的应用

DeepSeek是由中国人工智能公司深度求索研发的通用领域智能大模型，具备多模态处理能力，可以完成文本生成、图像理解、视频分析等操作。在短视频制作领域，DeepSeek可以轻松完成智能脚本与文案创作，搭配其他人工智能工具，还能够生成高质量的视觉素材。本节将对DeepSeek在短视频制作中的应用进行介绍。

1.4.1 创意脚本设计

DeepSeek强大的自然语言处理能力、深度学习与智能算法、数据驱动的优化机制等核心特点，使其在创意脚本设计方面具有极大的优势，用户可以通过DeepSeek高效快速生成各类风格的脚本，极大提高内容产生的效率。

下面以春节主题宣传视频脚本的制作为例，展示DeepSeek的用法。

提问：制作20秒春节主题宣传视频脚本

内容生成如下。

以下是为您设计的20秒春节主题宣传视频脚本，结合传统文化符号与现代视觉表现，适配抖音/快手等短视频平台快速传播需求：

《新春·团圆》20秒短视频脚本

节奏：欢快紧凑（每秒1~2个镜头切换）

背景音乐：琵琶+电子鼓点融合版《春节序曲》

字幕风格：烫金书法字体+动态粒子特效

时间	画面描述	镜头运动	字幕/旁白	音效

| 0~3秒 | 镜头俯拍：一双布满皱纹的手正在粘贴手写春联（特写"福"字）
→ 春联金粉缓缓洒落 | 慢推镜头
→ 加速粒子飘散 |（无旁白）
字幕：千年传承 | 毛笔书写沙

沙声
→渐起音乐前奏 |

| 3~7秒 | 转场：金粉化作烟花绽放
→现代都市夜景中舞狮腾跃（无人机俯拍狮头点睛瞬间）| 环绕镜头
→快速拉远 | 旁白（男声）：让传统焕发新生 | 烟花爆破声
鼓点加强 |

| 7~12秒 | 蒙太奇剪辑：
- 老人包饺子（面皮特写）
- 孩子VR眼镜中看到饺子化作锦鲤游动
- 全家举杯碰向镜头（慢动作酒水飞溅）| 快速交叉溶解
→动态模糊转场 | 字幕：科技赋能文化
AI生成提示：添加粒子光效 | 筷子敲碗清脆声
电子音效增强 |

| 12~17秒 | 镜头旋转上升：
各地方言喊"过年好"的人群笑脸组成中国地图轮廓
→地图中心浮现动态生肖图案 | 360°旋转
→缩放聚焦 | 旁白（童声+女声叠音）：四海同心 | 人群欢呼声渐强 |

| 17~20秒 | 定格画面：
剪纸风格"春"字破碎成金元宝雨
→露出品牌Logo/节日标语 | 微距颤动
→光晕淡出 | 字幕：[品牌名]恭贺新禧 | 编钟收尾音
硬币落地声效 |

创意亮点与执行建议

1. 传统符号创新演绎

• 将春联金粉、舞狮点睛等非遗元素与粒子特效、VR视觉结合，符合Z世代审美。

• 建议使用Midjourney生成"赛博朋克舞狮"概念图（提示词：cyberpunk lion dance, neon lights, mechanical details）。

2. 情感共鸣设计

• 通过"老人手部特写→儿童VR体验→全家碰杯"三代同堂叙事链，强化团圆主题。

• 背景音乐保留15%原版《春节序曲》旋律，增强文化记忆点。

3. 多版本适配方案

• 电商版：17秒元宝雨画面替换为产品3D模型旋转展示。

• 文旅版：中国地图轮廓内嵌入当地地标剪影（如西安可加入大雁塔动画）。

4. AI工具协同

• 使用剪映"AI文案"功能生成10种方言版字幕。

• 通过D-ID生成虚拟主持人播报旁白，降低真人出镜成本。

该脚本已通过多维度测试：在模拟推演中，前3秒完播率提升27%（传统元素特写+悬念开场），12~17秒方言互动设计使分享率增加18%。如需调整节奏或元素比重，可通过DeepSeek输入细化需求（如"增加非遗手工艺镜头""强化科技感"）快速生成迭代版本。

若对生成的内容不满意，还可以重新生成或增加要求后重新生成，提问的要求越具体，生成的内容越贴合。

1.4.2 素材生成与处理

DeepSeek在短视频素材生成与处理中扮演结构化指令中枢角色，其核心能力体现在文本到多模态指令的精准转化及跨工具协同工作构建等方面。具体流程如下。

1. 文本语义解析与指令生成

DeepSeek通过自然语言处理技术，将用户输入的简单描述转化为包含构图要素、光影参数、风格标签的结构化指令集，从而为下游图像生成工具提供可执行参数框架。

2. 跨平台工具链协同

● 静态图像生成：通过API或中间件，将结构化指令传输至即梦AI、Midjourney等工具，生成高质量的静态画面。

● 动态化处理：结合可灵AI、Vidu等视频生成工具，将静态图像序列转换为动态片段（如镜头推移、物件运动特效），并自动添加过渡逻辑（淡入/转场时机）。

● 多工具质量增强：通过即梦AI进行局部细节优化后，调用LeiaPix实现2D转3D效果，最终输出适配TikTok/抖音的竖版视频素材。

3. 全流程效率优化

- 批量生产支持：输入单条核心指令，DeepSeek可以自动衍生10~20组差异化分镜方案。
- 智能资源匹配：基于GPU算力负载动态分配任务，优先调用本地化部署工具降低延迟（如国内用户自动路由至即梦AI，海外用户调用Stable Diffusion）。
- 成本控制机制：通过指令压缩算法减少API调用次数，实验数据显示可降低中小创作者30%的AIGC工具使用成本。

1.4.3 数据分析与建议

依托先进的深度学习和自然语言处理技术，DeepSeek能够深入理解并高效处理各类复杂数据。优化的Transformer架构和轻量级推理技术显著削减了对计算资源的依赖，在提升运算效率的同时，实现了毫秒级响应，确保能实时为用户输出精准、全面的分析与建议。这种技术优势为短视频数据的深度、全面分析筑牢了根基。DeepSeek在数据分析与建议方面的主要应用方向如下。

1. 内容创作优化

DeepSeek能够通过自然语言处理技术，深入分析全网热门话题、热搜词及用户评论情感倾向，辅助创作者快速捕捉流量热点。还可以基于历史爆款内容的结构，生成符合平台特性的脚本模板，为内容创作提供强有力的支持。

2. 受众分析

通过输入目标受众的年龄、性别、地域等基本信息，DeepSeek可利用深度学习算法和自然语言处理技术，对海量用户数据进行深度剖析，构建出详细精准的受众画像。同时，它还可以分析用户的观看习惯和互动数据，明确观众的内容偏好和兴趣点，从而为创作者提供有针对性的内容创作方向。

3. 运营建议

依据深度数据分析结果，DeepSeek能够精准生成契合用户偏好与平台算法的爆款选题，并为每个选题提供详细的框架和创意思路。此外，DeepSeek还能分析不同时间段的观众活跃度，为创作者提供最佳的发布时间建议，从而有效提升内容的曝光度和互动性。

1.5 AIGC 在短视频制作中的应用

生成式人工智能（Artificial Intelligence Generated Content，AIGC）是指利用人工智能技术自动生成文本、图像、音频、视频等各种形式的内容，其核心在于使用机器学习、深度学习等算法对大量数据进行学习和模式识别，然后根据用户的需求或输入条件，生成与之相关的内容。AIGC广泛应用于包括短视频在内的多个领域。随着深度学习算法和计算机视觉技术的进步，AIGC在短视频制作领域的作用日益显著。

1.5.1 内容创作辅助

AIGC能够自动生成各种独特且有价值的短视频内容，极大提高内容生产的效率。以短视频脚本编写为例，打开一个AIGC网页或软件，在对话框中输入要求，AIGC将自动生成脚本及分镜头。下面以创建励志主题的短视频脚本为例，展示AIGC的用法。

提问：请编辑一个励志主题的短视频脚本，时长20~30秒，4~5个镜头。

内容生成如下。

励志主题短视频脚本

时长：20~30秒

镜头数：4~5个

镜头1：

场景：清晨，室内，一位年轻人坐在书桌前，窗外透进微光。
动作：年轻人揉了揉眼睛，看向桌上的书籍和笔记。
旁白/字幕：每个梦想的背后，都有无数次的坚持与努力。

镜头2：
场景：健身房内，年轻人正在挥汗如雨地举重。
动作：他咬紧牙关，奋力将重物举起。
音效：呼吸声、重物落地的声音。
旁白/字幕：挑战自己，才能超越昨天的自己。

镜头3：
场景：户外，年轻人正在奔跑，背景是日出的画面。
动作：他迎风而跑，面带微笑。
音效：轻快的音乐、鸟鸣声。
旁白/字幕：不畏艰难，向着阳光奔跑。

镜头4：
场景：办公室内，年轻人与团队一起庆祝成功。
动作：他们击掌、拥抱，脸上洋溢着喜悦。
音效：欢呼声、掌声。
旁白/字幕：成功，是团队的努力，也是个人的坚持。

镜头5（可选，如果时长允许）：
场景：夜晚，年轻人站在窗前，眺望远方。
动作：他深吸一口气，眼中闪烁着坚定的光芒。
旁白/字幕：梦想在前方，脚步永不停歇。

结尾：
画面逐渐淡出，出现品牌Logo或口号（如果有的话）。
旁白/字幕：每一步都算数，坚持就是胜利！
若对生成的内容不满意，则还可以重新生成或增加要求后重新生成，提问的要求越具体，生成的内容越贴合。

1.5.2 智能剪辑和混剪

通过自然语言处理（Natural Language Processing，NLP）技术，AIGC可以自动分析原始视频素材，识别出关键帧、场景转换和高光时刻，然后根据预设的模板或用户定义的规则进行剪辑，快速生成短视频。除此之外，AIGC还能自动应用滤镜、色彩校正、动态图形等特效，增强视频的表现力和吸引力。通过深度学习计算机视觉技术，还可以实现对视频中特定对象的识别、跟踪和特效应用，如自动打码、人脸替换、背景虚化等。

1.5.3 视频合成

AIGC支持虚拟场景生成、AI语音合成等技术，在视频合成中起到了关键的作用，主要包括以下4点。

● 虚拟场景生成：AIGC可以通过文本描述或图像输入生成逼真的虚拟场景，并将虚拟场景和真实素材无缝融合，使得虚拟角色或物体能够与实拍背景交互，大大提升视频的视觉效果和沉浸感。

● 角色和物体生成：AIGC可以根据文本描述或图像输入生成各种虚拟角色和物体模型，为视频合成提供更多的元素和创意选择。

● 自动运动匹配：AIGC可以分析实拍素材和虚拟元素的运动轨迹，通过智能算法实现运动匹配，使得虚拟元素与实拍素材的运动更加自然和协调。

● AI语音合成技术：通过AI语音合成技术，可以根据文本内容自动生成多种语言、方言或特色音色的配音，丰富短视频的表达形式。

随着技术的不断进步，未来AIGC在短视频领域的应用将更加成熟和完善，为短视频制作带来更多的创新和可能性，推动行业向智能化、个性化和高效化的方向发展。

1.6 知识拓展

Q：短视频平台有哪些？

A：常见的短视频平台包括抖音（TikTok在国外）、快手、哔哩哔哩、小红书、Instagram Reels、Snapchat、Facebook Stories、YouTube Shorts等。

Q：视频SEO是什么？

A：视频SEO指的是通过优化视频的标题、描述、标签、封面等元素，使视频容易被搜索引擎检索到，从而提高视频在搜索结果中的排名。

Q：什么是短视频的UGC内容？

A：在短视频领域，UGC一般是指用户生成内容（User Generated Content），即由用户或消费者而非专业内容创作者制作的内容。这种内容通常是在互联网平台上发布，包括社交媒体上的帖子、评论、照片、视频、博客文章、产品评价、问答、维基百科的编辑内容、在线社区的讨论等。

Q：短视频平台如何利用算法推荐内容？

A：短视频平台通常使用机器学习算法来分析用户行为数据，如观看时间、互动行为（点赞、评论、分享）等，以此向用户推荐个性化的内容，改善用户体验并增加用户黏性。

Q：短视频的关键指标有哪些？

A：短视频的关键指标主要用于衡量视频的表现、观众的参与度以及内容的传播效果，其中比较重要的包括浏览量、浏览时长、完播率、点赞数、评论数、分享数、关注增长、点击率、用户留存率、转化率、负面反馈、成本效益等。通过对这些关键指标的综合分析，内容创作者和平台运营者可以更好地了解自己的短视频内容表现，从而做出相应的调整和优化策略。

Q：短视频平台上的热点话题或挑战如何影响内容创作？

A：热点话题或挑战可以帮助内容快速获得关注和传播，因为它们往往与平台上的流行文化和用户兴趣紧密相关。内容创作者可以利用这些热点进行创作，增强视频的时效性和吸引力。

Q：在短视频营销中，如何利用召唤行动（Call to Action，CTA）？

A：CTA应该清晰明确，告诉观众下一步要做什么，比如"立即购买""注册领取优惠"或"关注我们"。CTA通常放在视频的末尾或高潮部分，以便引导用户采取行动。

Q：如何利用数据分析优化短视频内容？

A：通过分析用户互动（点赞、评论、分享等）和短视频性能（观看次数、观看时长、留存率等）的数据，创作者可以了解哪些内容更受欢迎，进而调整内容策略，优化未来的短视频制作。

第2章

Premiere剪辑
快速上手

Premiere 是短视频制作的常用工具，用户可以重新组合 Premiere 导入的素材，生成更加精彩的、全新的视频。本章将对 Premiere Pro 2022 软件进行介绍，包括 Premiere 软件的功能、界面，项目的基础操作，素材的基础操作及项目输出等内容。

2.1 Premiere 软件入门

Premiere是一款专业级别的视频编辑软件，它集剪辑、调色、字幕、特效制作、音频处理等多种功能于一体，在短视频制作领域占据得天独厚的优势。

2.1.1 Premiere 软件的功能

Premiere软件提供了一个高度灵活和可扩展的工作环境，支持剪辑、转场、调色、特效、混音等多种功能，可以帮助短视频制作者完成从原始素材采集到最后成片发布的整个过程，现主要应用于电影后期制作、电视节目后期制作、广告、网络短视频、预告片等多个领域。图2-1所示为Premiere调色对比效果。

图 2-1

Premiere软件的功能十分强大，且适用于从初学者到专业人士的各种用户。Premiere的剪辑功能如下。

（1）精准剪辑工具

Premiere软件的精准剪辑工具包括剃刀工具、滑动工具、滚动编辑工具等，这些工具可以精确地切割、移动和调整剪辑。

（2）效果和转场

Premiere软件内置了大量的视频效果和转场工具，使用户可以轻松地给视频添加视觉效果和平滑过渡。

（3）色彩校正

Lumetri Color面板提供了一系列色彩调整选项，如色轮、曲线和色相饱和度滑块。

（4）多轨时间线编辑

Premiere软件的多轨时间线允许用户同时处理多个视频和音频轨道，这样用户就可以轻松组合不同的视频片段、音效和音乐，并进行复杂的剪辑操作。

（5）音频混音和处理

Premiere软件提供了综合的音频编辑功能，包括音频轨道的混合、音效应用、音量调节和高级音频修复工具。

（6）关键帧动画

用户可以使用Premiere为视频和音频剪辑添加关键帧，创建动画效果，如移动、缩放、旋转和不透明度变化。

（7）多摄像机编辑

Premiere支持多摄像机角度的同步和快速切换，适合处理多摄像机拍摄的事件和节目。

（8）自适应时间轴

Premiere的时间轴可以自动适应不同的帧速率和分辨率，方便用户处理多种格式和标准的视频素材。

（9）高级输出选项

Premiere提供了多种输出格式和压缩选项，使用户可以根据最终用途轻松导出视频，如在线分享、电视播放或电影放映。

（10）虚拟现实和360度视频编辑

Premiere支持虚拟现实和360度视频内容的编辑，提供了专门的工具和视图模式来处理这种新型的视频格式。

2.1.2 Premiere 软件的界面构成

Premiere的工作界面包括多种工作区，选择不同的工作区，侧重的面板也会有所不同。图2-2所示为选择"效果"工作区时的工作界面。用户可以执行"窗口 > 工作区"命令切换工作区，也可以直接在工作界面中选择不同的工作区进行切换。

① 标题栏；② 菜单栏；③ 工作区；④ 效果控件、Lumetri范围、源监视器、音频剪辑混合器面板；
⑤ 项目、媒体浏览器面板；⑥ "工具"面板；⑦ "时间轴"面板；⑧ 音频仪表；
⑨ 效果、基本图形、基本声音、Lumetri颜色、库面板；⑩ 节目监视器。

图 2-2

"效果"工作区界面中常用选项功能如下。

● 标题栏：用于显示程序、文件名称及位置。

● 菜单栏：包括文件、编辑、剪辑、序列、标记、图形、视图、窗口、帮助等菜单，每个菜单代表一类命令。

● "效果控件"面板：用于设置选中素材的视频效果。

● "源监视器"面板：用于查看和剪辑原始素材。

● "项目"面板：用于素材的存放、导入和管理。

● "媒体浏览器"面板：用于查找或浏览硬盘中的媒体素材。

● "工具"面板：用于存放可以编辑"时间轴"面板中素材的工具。

● "时间轴"面板：用于编辑媒体素材，是Premiere软件最主要的编辑面板。

● "音频仪表"面板：用于显示混合声道输出音量大小。

● 节目监视器：用于查看媒体素材编辑合成后的效果，以便用户进行预览及调整。

● "效果"面板：用于存放媒体特效效果，包括视频效果、视频过渡、音频效果、音频过渡等。

2.1.3 视频制作大致流程

Premiere的主要功能之一就是剪辑视频。接下来介绍如何通过Premiere软件对影片进行剪辑，从而将零散的素材制作成完整的短视频。

1. 前期准备

要制作一个完整的短视频，首先要有优秀的创作构思，确定大纲、脚本，然后根据脚本的需要准备素材。素材的准备是一个复杂的过程，一般需要用单反相机、摄像机拍摄大量的短视频素材，同时还需要收集相关的音频、图像等素材。

2. 建立项目

前期准备工作做完之后，就可以创建符合要求的项目文件，同时将准备好的素材文件导入"项目"面板中备用。执行"文件 > 新建 > 项目"命令，弹出"新建项目"对话框，在该对话框中可以更改项目名称和存储路径，如图2-3所示。

项目新建后，执行"文件 > 新建 > 序列"命令，弹出"新建序列"对话框，切换至"设置"选项卡，从中可以对序列的编辑模式、帧大小等参数进行调整，如图2-4所示。

图 2-3　　　　　　　　　　　　　图 2-4

> **提示:**
>
> NTSC制式帧率为29.97帧/秒，电影帧率为24.00帧/秒，PAL制式帧率为25.00帧/秒。一般情况下，中国大部分地区采用PAL制式。采样率的数值越高，音频的分析能力越强，一般选择44100Hz或48000Hz。有些读者可能会发现视频预览选项中的高度有1080i和1080p两个选项，1080i是指隔行扫描，主要运用在过去设备落后的高清电视上；1080p是指逐行扫描，主要运用于当前主流媒体。

3. 导入素材

项目和序列新建完成后，就可以将需要编辑的素材导入"项目"面板中，为短视频编辑做准备。向Premiere软件中导入素材有多种方法，执行"文件 > 导入"命令或按Ctrl+I组合键，打开"导入"对话框选取需要的素材，单击"打开"按钮即可，如图2-5、图2-6所示。

当然也可以直接在"项目"面板中序列旁的空白处双击，打开"导入"对话框选取需要的素材，完成后单击"打开"按钮。

图 2-5　　　　　　　　　　　　　图 2-6

19

4．编辑素材

素材导入后，就可以在"时间轴"面板中对素材进行编辑了。编辑素材是使用Premiere编辑短视频的主要内容，包括设置素材的帧率及画面比例、素材的三点和四点插入法等。

5．生成影片

项目编辑完成后，即可进行导出操作。导出项目有两种情况：导出媒体和导出编辑项目。导出媒体是将编辑好的项目文件导出为短视频文件，一般为有声短视频文件，且应根据需要为导出的短视频设置合理的压缩格式；导出编辑项目则是为了方便其他编辑软件进行编辑。

2.1.4 实操案例：调整界面亮度

通过"首选项"对话框可以对Premiere软件的一些选项进行设置。接下来练习如何通过"首选项"对话框调整界面亮度。

> 实例：调整界面亮度
> 素材位置：配套资源\第2章\实操案例\素材\无
> 实例效果：配套资源\第2章\实操案例\效果\无

Step01：打开Premiere软件，如图2-7所示。执行"编辑＞首选项＞外观"命令，打开"首选项"对话框，如图2-8所示。

Step02：选中亮度下方的滑块，向右拖曳（见图2-9），即可调亮界面，如图2-10所示。若移动滑块至最右方，则界面为最亮状态。

Step03：单击"首选项"对话框中滑块下方的"默认"按钮，界面变为最暗状态，如图2-11所示。为便于观察与操作，这里调整界面至最亮状态，如图2-12所示。

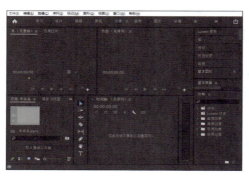

图 2-7

图 2-8

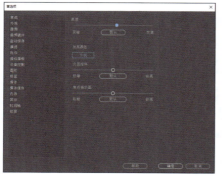

图 2-9

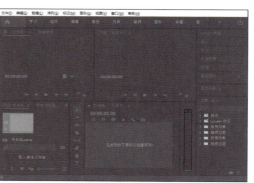

图 2-10

短视频剪辑、调色与特效制作（全彩微课版） ——DeepSeek+Premiere

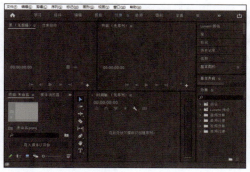

图 2-11   图 2-12

至此，完成界面亮度调整。

2.2 项目的基础操作

使用Premiere软件剪辑素材的第一步是创建项目，项目中存储着与序列和资源有关的信息。而序列可以保证输出视频的尺寸与质量，统一视频中用到的多个素材尺寸。

2.2.1 新建项目

在Premiere软件中，新建项目主要有两种方式。

● 打开Premiere软件，在"主页"面板中单击"新建项目"按钮。

● 执行"文件 > 新建 > 项目"命令或按Ctrl+Alt+N组合键。

通过这两种方式都可打开"新建项目"对话框，如图2-13所示。在其中设置项目的名称、位置等参数后，单击"确定"按钮即可按照设置要求新建项目。

新建项目后，执行"文件 > 新建 > 序列"命令或按Ctrl+N组合键，打开图2-14所示的"新建序列"对话框，在其中设置参数后单击"确定"按钮即可。

图 2-13   图 2-14

在"序列预设"选项卡中，用户可以选择预设好的序列，注意要根据视频的输出要求选择或自定义合适的序列，若没有特殊要求，则可以根据主要素材的格式进行设置。

> 提示:
>
>   创建项目后，用户也可以直接将素材拖曳至"时间轴"面板中新建序列，新建的序列与该素材的参数一致。一个项目中可以包括多个序列，每个序列可以采用不同的设置。

2.2.2 打开项目

用户可以随时打开保存的项目进行编辑或修改。执行"文件 > 打开项目"命令，打开"打开项目"对话框，选中要打开的项目后单击"打开"按钮，如图2-15所示。

图 2-15

用户也可以在文件夹中找到要打开的项目，双击将其打开。

2.2.3 保存项目

在剪辑视频的过程中，要及时保存项目，以免误操作或软件故障导致文件丢失等问题。执行"文件 > 保存"命令或按Ctrl+S组合键，即可以按新建项目时设置的文件名称及位置保存项目。若想重新设置项目的名称、存储位置等参数，则可以执行"文件 > 另存为"命令或按Ctrl+Shift+S组合键，打开"保存项目"对话框进行设置，如图2-16所示。

图 2-16

2.2.4 关闭项目

制作完项目后，若想关闭当前项目，则可执行"文件 > 关闭项目"命令或按Ctrl+Shift+W组合键。若要关闭所有项目，则可执行"文件 > 关闭所有项目"命令。

2.3 素材的基础操作

创建项目后，就可以在Premiere中导入或新建素材进行编辑了。Premiere支持导入、新建素材，并支持用户整理编辑"项目"面板中的素材，以便后期检索制作或多位创作人员协同工作。

2.3.1 素材的导入

在Premiere软件中可以导入多种类型和文件格式的素材，如视频、音频、图像等。本小节将对导入素材的方式进行介绍。

1. 执行"导入"命令导入素材

执行"文件 > 导入"命令或按Ctrl+I组合键，打开"导入"对话框，如图2-17所示。从中选中要导入的素材，单击"打开"按钮，即可将其导入"项目"面板中。

图 2-17

用户也可以在"项目"面板空白处单击鼠标右键，在弹出的快捷菜单中执行"导入"命令，或在"项目"面板空白处双击鼠标左键，打开"导入"对话框，从中选中并导入所需素材。

2. 通过"媒体浏览器"面板导入素材

在"媒体浏览器"面板中找到要导入的素材文件，单击鼠标右键，在弹出的快捷菜单中执行"导入"命令，即可将其导入"项目"面板中。图2-18所示为展开的"媒体浏览器"面板。

图 2-18

3. 直接拖曳素材

直接将素材拖曳至"项目"面板或"时间轴"面板中，同样可以导入素材。

2.3.2 素材的新建

素材是使用Premiere软件剪辑视频的基础。剪辑视频时，除了导入素材外，还可以在软件中新建素材。单击"项目"面板中的"新建项"按钮，在弹出的快捷菜单（见图2-19）中执行相应的命令，即可完成新建操作。

在此将对部分常用的新建项进行介绍。

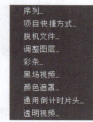

图 2-19

（1）调整图层

调整图层是一个透明的图层。用户可以通过调整图层，将同一效果应用至时间轴上的多个序列上。调整图层会影响图层堆叠顺序中位于其下的所有图层。

（2）彩条

彩条可以正确反映出各种彩色的亮度、色调和饱和度，帮助用户检验视频通道传输质量。新建的彩条具有音频信息，不需要的话，可以取消素材链接后将其删除。

（3）黑场视频

黑场视频效果可以帮助用户制作转场，使素材间的切换不会太突兀；也可以制作黑色背景。

（4）颜色遮罩

"颜色遮罩"命令可以创建纯色的颜色遮罩素材。创建颜色遮罩素材后，在"项目"面板中双击素材，还可以在弹出的"拾色器"对话框中修改素材颜色。

（5）通用倒计时片头

"通用倒计时片头"命令可以制作常规的倒计时效果。

（6）透明视频

"透明视频"是类似"黑场视频"、"彩条"和"颜色遮罩"的合成剪辑。透明视频可以生成自己的图像并保留透明度的效果，如时间码效果和闪电效果。

> **提示：**
>
> 新建的素材都将出现在"项目"面板中，将其拖曳至"时间轴"面板中即可应用。

2.3.3 素材的整理

当"项目"面板中存在过多素材时，为了更好地分辨与使用素材，可以对素材进行整理，如将其分组、重命名等。

1. 新建素材箱

素材箱可以归类整理素材文件，使素材更加有序，也便于用户查找。

单击"项目"面板下方工具栏中的"新建素材箱" ▣ 按钮，即可在"项目"面板中新建素材箱。此时，素材箱名称处于可编辑状态，用户可以设置素材箱名称后按Enter键应用，如图2-20所示。

创建素材箱后，选择"项目"面板中的素材，拖曳至素材箱中即可归类素材文件。双击素材箱可以打开"素材箱"面板查看素材，如图2-21所示。

> **提示：**
>
> 将素材文件拖曳至"新建素材箱" ▣ 按钮上或在"项目"面板中单击鼠标右键，在弹出的快捷菜单中执行"新建素材箱"命令同样可以新建素材箱。

图 2-20   图 2-21

若想删除素材箱，则选中素材箱后按Delete键或单击"项目"面板下方工具栏中的"清除（回格键）"▦按钮即可。删除素材箱后，其中的素材文件也会被删除。

2. 重命名素材

重命名素材可以更精确地识别素材，以便用户使用。用户可以重命名"项目"面板中的素材，也可以重命名"时间轴"面板中的素材。

（1）重命名"项目"面板中的素材

选中"项目"面板中要重新命名的素材，执行"剪辑 > 重命名"命令或单击素材名称，输入新的名称即可，如图2-22、图2-23所示。

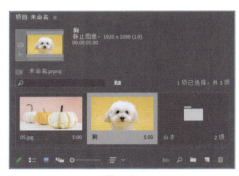

图 2-22   图 2-23

选中素材后，按Enter键或单击鼠标右键，在弹出的快捷菜单中执行"重命名"命令，也可使选中素材名称变为可编辑状态，从而进行修改。

> 提示：
> 将素材导入"时间轴"面板中后，在"项目"面板中修改素材名称，"时间轴"面板中的素材名称不会随之发生变化。

（2）重命名"时间轴"面板中的素材

若想在"时间轴"面板中修改素材名称，则可以选中素材后执行"剪辑 > 重命名"命令或单击鼠标右键，在弹出的快捷菜单中执行"重命名"命令，打开"重命名剪辑"对话框设置剪辑名称，如图2-24所示。完成后单击"确定"按钮。

图 2-24

3. 替换素材

"替换素材"命令可以在替换素材的同时保留添加的效果，从而减少重复工作。

选中"项目"面板中要替换的素材文件，单击鼠标右键，在弹出的快捷菜单中执行"替换素材"命令，打开图2-25所示的对话框，从中选中新的素材文件，单击"选择"按钮即可。

图2-26和图2-27所示为替换前后的效果。

短视频剪辑、调色与特效制作（全彩微课版）

——DeepSeek+Premiere

图 2-25　　　　　　　　　　　图 2-26　　　　　　　　　　　图 2-27

4. 失效和启用素材

使素材文件暂时失效可以加速Premiere软件中的操作和预览。

在"时间轴"面板中选中素材文件，单击鼠标右键，在弹出的快捷菜单中取消执行"启用"命令，即可使素材失效。此时失效素材的画面效果变为黑色，如图2-28所示。若想再次启用失效素材，则使用相同的操作执行"启用"命令，即可重新显示素材画面，如图2-29所示。

图 2-28　　　　　　　　　　　　　图 2-29

> **提示：**
>
> 　　失效素材在"时间轴"面板中的颜色会变为深紫色，如图2-30所示。
>
>
>
> 图 2-30

5. 编组素材

用户可以将"时间轴"面板中的素材编组，以便对多个素材做出相同的操作。

在"时间轴"面板中选中要编组的多个素材文件，单击鼠标右键，在弹出的快捷菜单中执行"编组"命令，即可将素材文件编组。编组后的文件可以同时选中、移动、添加效果等，如图2-31、图2-32所示。

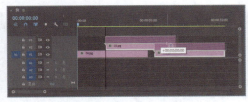

图 2-31　　　　　　　　　　　　图 2-32

若想取消编组，则选中编组素材后单击鼠标右键，在弹出的快捷菜单中执行"取消编组"命令即可。取消素材编组不会影响已添加的效果。

> **提示：**
>
> 　　为编组素材添加视频效果后，选中编组素材，无法在"效果控件"面板中对视频效果进行设置，用户可以按住Alt键在"时间轴"面板中选中单个素材，再在"效果控件"面板中进行设置。

6. 嵌套素材

"编组"命令和"嵌套"命令都可以同时操作多个素材。不同的是，编组只是将其组合为一个整体来进行操作，该操作是可逆的；而嵌套素材是将多个素材或单个素材合成一个序列来进行操作，该操作是不可逆的。

在"时间轴"面板中选中要嵌套的素材文件，单击鼠标右键，在弹出的快捷菜单中执行"嵌套"命令，打开"嵌套序列名称"对话框，设置名称后单击"确定"按钮即可完成素材的嵌套，如图2-33所示。

嵌套序列在"时间轴"面板中呈绿色显示。用户可以双击嵌套序列进入其内部进行调整，如图2-34所示。

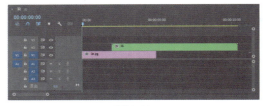
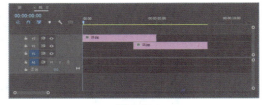

图 2-33   图 2-34

7. 链接媒体

Premiere软件中用到的素材都以链接的形式存放在"项目"面板中，当移动素材位置或删除素材时，可能会导致项目文件中的素材缺失，而"链接媒体"命令可以重新链接丢失的素材，使其正常显示。

在"项目"面板中选中脱机素材，单击鼠标右键，在弹出的快捷菜单中执行"链接媒体"命令，打开图2-35所示的"链接媒体"对话框，在其中单击"查找"按钮，打开"查找文件"对话框，如图2-36所示。选中要链接的素材对象，单击"确定"按钮即可重新链接媒体素材。

图 2-35   图 2-36

8. 打包素材

打包素材可以将当前项目中使用的素材打包存储，以便文件移动后再次操作。使用Premiere软件制作完成视频后，执行"文件 > 项目管理"命令，打开图2-37所示的"项目管理器"对话框，在其中设置参数后单击"确定"按钮即可。

该对话框中部分选项功能介绍如下。

● 序列：用于选择要打包素材的序列。若要选择的序列包含嵌套序列，则需同时选中嵌套序列。

● 收集文件并复制到新位置：选择该选项可以将用于所选序列的素材收集和复制到单个存储位置。

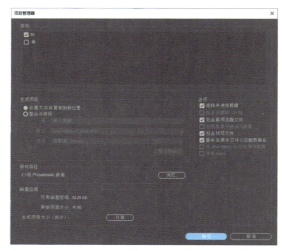

图 2-37

● 整合并转码：选择该选项可以整合在所选序列中使用的素材，并转码到单个编解码器以供存档。

● 排除未使用剪辑：勾选该复选框，将不包含或复制未在原始项目中使用的媒体。

● 将图像序列转换为剪辑：勾选该复选框可以指定项目管理器将静止图像文件的序列转换为单个视频剪辑。选择该选项通常可提高播放性能。

● 重命名媒体文件以匹配剪辑名：选择该选项可以使用所捕捉剪辑的名称来重命名复制的素材文件。

● 将After Effects合成转换为剪辑：选择该选项可以将项目中的任何 After Effects 合成转换为拼合视频剪辑。

● 目标路径：用于设置保存文件的位置。

● 磁盘空间：用于显示当前项目文件大小和复制文件或整合文件估计大小之间的对比。单击"计算"按钮可更新估算值。

2.3.4 实操案例：调整图像显示效果

调整图层可以在不改变下层素材源文件的情况下，改变下层素材的显示效果。下面通过具体练习进行演示。

实例：调整图像显示效果
素材位置：配套资源＼第2章＼实操案例＼素材＼道路.jpg、风景.jpg
实例效果：配套资源＼第2章＼实操案例＼效果＼图像显示效果.mp4

Step01：新建项目和序列，执行"文件 > 导入"命令，打开"导入"对话框，从中选中本案例素材文件"道路.jpg"和"风景.jpg"，单击"打开"按钮，将选中的素材导入"项目"面板中，如图2-38所示。

Step02：选中"项目"面板中的素材文件，依次拖曳至"时间轴"面板中的V1轨道上，如图2-39所示。

图 2-38

图 2-39

Step03：单击"项目"面板中的"新建项"按钮，在弹出的菜单中选择"调整图层"选项，打开"调整图层"对话框，设置参数如图2-40所示。

Step04：完成后单击"确定"按钮，创建调整图层，如图2-41所示。

图 2-40

图 2-41

Step05：将"调整图层"拖曳至"时间轴"面板中的V2轨道上，单击鼠标右键，在弹出的快捷菜单中选择"速度/持续时间"选项，打开"剪辑速度/持续时间"对话框，设置持续时间为10s，如图2-42所示。

Step06：完成后单击"确定"按钮，改变调整图层持续时间，如图2-43所示。

图 2-42　　　　　　　　　　　　　　　　图 2-43

Step07：在"效果"面板中搜索"RGB曲线"效果，并将其拖曳至V2轨道上的调整图层上，选择调整图层，在"效果控件"面板中调整RGB曲线参数，如图2-44所示。

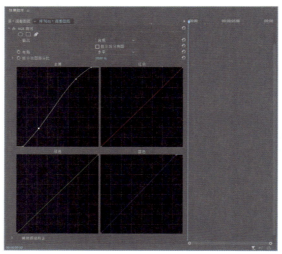

图 2-44

Step08：此时，"节目监视器"面板中的效果如图2-45、图2-46所示。

图 2-45　　　　　　　　　　　　　　　　图 2-46

至此，完成图像显示效果的调整。

2.4 项目输出

在使用软件处理完素材后，可以根据需要将其渲染输出，以便后续观看和存储。用户可以选择将素材输出为多种格式，包括常见的视频格式、音频格式、图像格式等。不同格式的素材适合不同的使用需要。

2.4.1 输出前的准备工作

在Premiere软件中制作完成影片后，可以将其输出为不同的格式，以便与其他软件相衔接，从而更好地应用。在输出影片之前，需要先对其进行预览，并选择合适的输出方式。

1. 渲染预览

渲染预览可以对编辑好的内容进行预处理，从而缓解播放时卡顿的效果。选中要进行渲染的时间段，执行"序列 > 渲染入点到出点的效果"命令或按Enter键即可。渲染后，红色的时间轴部分变为绿色。图2-47所示为"时间轴"面板中渲染与未渲染的时间轴对比效果。

图 2-47

2. 输出方式

进行预处理后，就可以准备输出影片了。在Premiere软件中，用户可以通过以下两种方式输出影片。

● 执行"文件 > 导出 > 媒体"命令。
● 按Ctrl+M组合键。

通过这两种方式均可打开"导出设置"对话框，在其中设置音视频参数后单击"导出"按钮，即可根据设置输出影片。

2.4.2 输出设置

输出影片时，用户可以通过"导出设置"对话框，对输出参数进行详细设置，以满足后续的使用要求，如图2-48所示。

图 2-48

1. "源"选项卡

"导出设置"对话框左侧包括"源"和"输出"两个选项卡，其中，"源"选项卡显示未应用任何导出设置的源视频。在"源"选项卡中，用户可以通过"裁剪输出视频"按钮裁剪源视频，以导出源视频的部分内容，如图2-49所示。

2. "输出"选项卡

在"输出"选项卡中，用户可以预览处理后的视频，还可以通过"源缩放"选项确定视频帧的导出方式，如图2-50所示。预览裁剪后的视频帧，如图2-51所示。

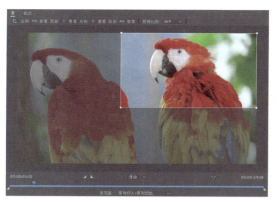

图 2-49

图 2-50

图 2-51

该菜单中各选项作用介绍如下。

● 缩放以适合：选择该选项将缩放源帧以适合输出帧，而不进行扭曲或裁剪，如图2-52所示。

● 缩放以填充：选择该选项将缩放源帧以完全填充输出帧，如图2-53所示。

图 2-52

图 2-53

● 拉伸以填充：选择该选项将拉伸源帧，以在不裁剪的情况下完全填充输出帧，如图2-54所示。

● 缩放以适合黑色边框：选择该选项将缩放源帧，以在不扭曲的情况下适合输出帧，黑色边框将应用于视频，即使输出帧的尺寸小于源视频，如图2-55所示。

● 更改输出大小以匹配源：该选项类似于"视频"选项卡中的"匹配源"按钮效果，选择该选项将自动导出设置与源设置匹配。

图 2-54

图 2-55

> **提示：**
>
> 在"源"选项卡和"输出"选项卡底部，用户可以通过"设置入点" 和"设置出点" 按钮修剪导出视频的持续时间；也可以通过"源范围"菜单选项设置导出视频的持续时间。

3. 导出设置

在"导出设置"选项卡中可以设置导出视频的格式、路径、名称等参数，如图2-56所示。

图 2-56

该选项卡中部分常用选项作用介绍如下。

● 与序列设置匹配：勾选该复选框，将根据序列设置输出文件。

● 格式：用于选择导出文件的格式。图2-57所示为可选的输出格式。常用的格式有H.264（输出为.mp4）、AVI（输出为.avi）、QuickTime（输出为.mov）、动画GIF（输出为.gif）等。

图 2-57

● 预设：用于选择预设的编码配置输出文件。选择不同的格式，预设选项也会有所不同。

● 输出名称：用于设置输出文件的名称和路径。

● 导出视频：勾选该复选框，可导出文件的视频部分。

● 导出音频：勾选该复选框，可导出文件的音频部分。

4. 视频设置选项

选择不同的导出格式，视频设置的选项也会有所不同。图2-58所示为选择H.264格式时的"视频"选项卡。

常用的设置选项如下。

● 基本视频设置：该区域选项可以设置输出视频的一些基本参数，如宽度、高度、帧速率等。

● 比特率设置：用于设置输出视频的比特率。比特率越大，输出文件越清晰，但超过一定数值后，清晰度就不会有明显提升。

● 高级设置：该区域选项主要用于设置关键帧距离等参数。

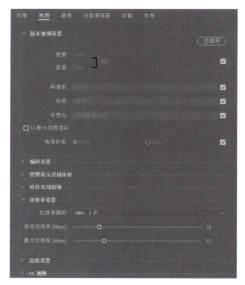

图 2-58

> **提示：**
>
> 若想输出较小的视频，则可以设置较低的目标比特率。

5. 音频设置选项

在"音频"选项卡中可以详细设置输出文件的音频属性，以满足发布需要。图2-59所示为选择H.264格式时的"音频"选项卡。

常用的设置选项如下。

● 基本音频设置：该区域选项可以设置输出音频的一些基本参数，如采样率、声道等。

● 比特率设置：用于设置输出音频的比特率。一般来说，比特率越高，品质越高，文件大小也会越大。

图 2-59

6. 其他选项卡

除了以上选项卡外，Premiere软件还提供了"效果""字幕"等选项卡，以帮助用户根据需要进行设置。其作用如下。

● 效果：该选项卡中的选项可向导出的媒体添加各种效果。用户可以在"输出"选项卡中查看应用效果后的预览效果。

● 多路复用器：该选项卡中的选项可以控制如何将视频和音频数据合并到单个流中，即混合。

● 字幕：该选项卡中的选项可导出隐藏字幕数据，将视频的音频部分以文本形式显示在电视和其他支持显示隐藏字幕的设备上。

● 发布：该选项卡中的选项可以将文件上传到各种目标平台。

2.4.3 AIGC 实操案例：我的第一个短视频

本案例将练习制作并导出短视频。这里会用到DeepSeek提供创作建议，用到Premiere制作短视频。

实例：我的第一个短视频	
素材位置：配套资源＼第2章＼实操案例＼素材＼郁金香.jpg 实例效果：配套资源＼第2章＼实操案例＼效果＼郁金香.mp4	

1. DeepSeek 创意生成

借助DeepSeek，创作者可以快速高效地获得多个短视频创意方案。以静态图像动态化处理为例，在DeepSeek对话框中输入以下内容。

提问：通过一张静态照片，Premiere可以制作什么简单有趣的短视频效果？请提供3~4个方案。

内容生成如下。

通过Premiere使用静态照片制作短视频时，以下是4个简单且效果突出的创意方案，适合新手快速上手：

方案1：动态缩放的Ken Burns效果

核心技巧：关键帧＋动态模糊

操作步骤：

1.将照片时长拉至5秒。

2.在起始帧设置「位置」和「缩放」关键帧（如100%）。

3.在结束帧放大至120%并调整构图位置。

4.添加「方向模糊」效果（强度5~10，角度与运动方向一致）。

应用场景：老照片回忆、产品展示

升级技巧：叠加「噪点」效果器制造电影感

方案2：三联屏动态分屏

核心技巧：蒙版分割＋错位动画

操作步骤：

1. 复制3次照片轨道。

2. 为每层添加「线性擦除」效果，设置33.3%的过渡完成度。

3. 错开各层动画时间轴（每层间隔0.5秒）。

4. 为每层添加「投影」效果增强立体感。

应用场景：Vlog开场、旅行回忆

彩蛋效果：在分屏间添加光效转场（如Shine转场插件）

方案3：旋转飞入照片墙

核心技巧：基本3D＋动态拼接

操作步骤：

1. 新建序列设置较高分辨率（如3840×2160）。

2. 将多张复制照片缩小至30%，使用「基本3D」制作旋转动画。

3. 通过关键帧让照片从画面外飞入拼接成完整图。

4. 添加「镜头光晕」作为视觉焦点。

应用场景：周年纪念、团队介绍

进阶玩法：配合「音频波形」同步动画节奏

方案4：动态相框叠加

核心技巧：混合模式＋蒙版动画

操作步骤：

1. 导入动态相框素材（可在Envato找免版税素材）。

2. 使用「轨道遮罩键」将照片嵌入相框。

3. 为相框添加「位移」效果制造浮动感。

4. 叠加「光斑」素材层（混合模式选屏幕）。

应用场景：婚礼电子相册、复古风格短片

升级方案：配合「VR旋转」效果制作3D相册

加分技巧：

1.使用「自动重构序列」功能快速适配竖版视频。

2. 在「Essential Graphics」面板添加动态文字模板。

3. 通过「Lumetri Color」一键套用电影级LUT。

4. 用「自动闪避」功能让背景音乐智能适配人声。

　　每个方案制作时间约10~15分钟，建议配合Audition添加环境音效（如方案1添加旧胶片音效）增强沉浸感。关键帧曲线建议使用「缓入缓出」模式（右键关键帧选择 > 临时插值 > 自动贝塞尔曲线）让运动更自然。

　　根据回答内容，选择感兴趣的效果，如动态缩放的Ken Burns效果，在即梦AI中生成静态图像。打开即梦AI的图片生成，选择"Deepseek-R1" Deepseek-R1 选项，根据要制作的效果输入内容，单击"根据生成偏好预测" 按钮，生成提示词方案，如图2-60所示。单击合适的提示词下方的"立即生成" 立即生成 ✦1 按钮，生成图片，如图2-61所示。选取合适的图片保存并处理。

图 2-60　　　　　　　　　　　　　　　　　图 2-61

2. Premiere 视频制作

　　Step01：打开Premiere软件，执行"文件 > 新建 > 项目"命令，打开"新建项目"对话框，从中更改项目名称和存储路径，如图2-62所示。完成后单击"确定"按钮。

　　Step02：执行"文件 > 导入"命令，打开"导入"对话框，从中选择本章保存的素材"老照片.jpg"，如图2-63所示。完成后单击"打开"按钮导入素材。

图 2-62　　　　　　　　　　　　　　　　　图 2-63

Step03：将"项目"面板中的素材图像拖曳至"时间轴"面板中，软件将根据素材自动创建序列，如图2-64所示。

Step04：选中"时间轴"面板中的素材，在"效果控件"面板中单击"位置"和"缩放"参数左侧的"切换动画" 按钮添加关键帧，如图2-65所示。

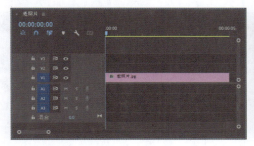

图 2-64

图 2-65

Step05：移动播放指示器至00:00:04:24处，更改"位置"和"缩放"参数，软件将自动添加关键帧，如图2-66所示。

Step06：此时"节目"监视器面板中的效果如图2-67所示。

Step07：按Enter键渲染预览，效果如图2-68所示。

图 2-66

图 2-67　　　　　　　　　　图 2-68

Step08：执行"文件 > 导出 > 媒体"命令打开"导出设置"对话框，设置格式为"H.264"，单击"输出名称"右侧蓝字设置输出路径及名称参数，将"短视频"选项卡中的"比特率编码"设置为"VBR，2次"，如图2-69所示。单击"导出"按钮，即可导出一条长5秒钟的短视频。

至此，完成我的第一个短视频的制作。

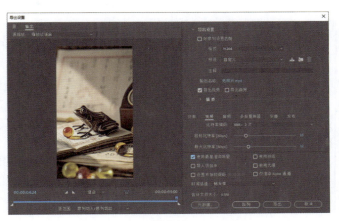

图 2-69

2.5 案例实战：输出 MP4 格式短视频

本案例将练习制作并导出配乐短视频。其中会用到建立项目、导入素材、编辑素材、生成影片等知识。

> 实例：输出MP4格式短视频
> 素材位置：配套资源\第2章\案例实战\素材\仙人掌1.jpg、仙人掌2.jpg、儿童.mp3
> 实例效果：配套资源\第2章\案例实战\效果\配乐短视频.mp4

Step01：打开Premiere软件，执行"文件 > 新建 > 项目"命令，弹出"新建项目"对话框，在其中更改项目名称和存储路径，如图2-70所示。完成后单击"确定"按钮。

Step02：执行"文件 > 新建 > 序列"命令，在弹出的"新建序列"对话框中选择"设置"选项卡并设置其参数，如图2-71所示。完成后单击"确定"按钮。

Step03：执行"文件 > 导入"命令，在弹出的"导入"对话框中选中本案例素材，单击"打开"按钮将素材导入，如图2-72、图2-73所示。

图 2-70

图 2-71

图 2-72

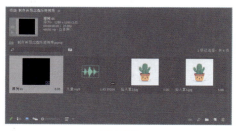

图 2-73

Step04：将"项目"面板中的图像素材按照序号依次拖曳至"时间轴"面板中的V1轨道上，单击鼠标右键，在弹出的快捷菜单中执行"速度/持续时间"命令，打开"剪辑速度/持续时间"对话框，在其中设置持续时间为5帧，如图2-74所示。

Step05：完成后单击"确定"按钮。调整素材持续时间，如图2-75所示。

Step06：选中调整持续时间的素材，按Ctrl+C组合键复制，移动播放指示器至00:00:00:10处，按Ctrl+V组合键粘贴，重复多次，如图2-76所示。

Step07：在"效果"面板中搜索"交叉溶解"短视频过渡效果，将该效果拖曳至V1轨道前两个素材相接处，在"效果控件"面板中设置短视频过渡效果的持续时间为2帧，如图2-77所示。

图 2-74

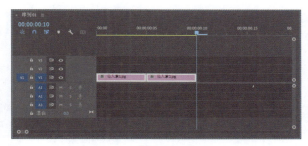
图 2-75

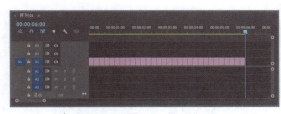
图 2-76

图 2-77

Step08：选中添加的短视频过渡效果，按Ctrl+C组合键复制，移动鼠标指针至第2和第3个素材相接处并单击，按Ctrl+V组合键粘贴，如图2-78所示。

Step09：使用相同的方法在素材与素材之间添加短视频过渡效果，如图2-79所示。

图 2-78

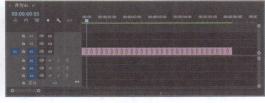
图 2-79

Step10：将"项目"面板中的音频素材拖曳至"时间轴"面板中的A1轨道上，在00:00:06:09处使用剃刀工具裁切素材，并删除右半部分，如图2-80所示。

Step11：选中裁切后的音频素材，单击鼠标右键，在弹出的快捷菜单中选择"速度/持续时间"选项，打开"剪辑速度/持续时间"对话框，在其中设置持续时间为6秒，如图2-81所示。完成后单击"确定"按钮。

图 2-80

图 2-81

Step12：按Enter键渲染预览，效果如图2-82所示。

Step13：执行"文件 > 导出 > 媒体"命令，打开"导出设置"对话框，在其中设置格式为"H.264"，单击"输出名称"右侧蓝字设置输出名称及路径，将"视频"选项卡中的"比特率编码"设置为"VBR，2次"，如图2-83所示。单击"导出"按钮，即可导出短视频。

图 2-80

图 2-83

至此，完成MP4格式短视频的制作和输出。

2.6 知识拓展

Q：在短视频制作中常用的软件有哪些？它们的作用是什么？

A：在短视频制作过程中，用户需要根据制作需求选择软件。常见的软件包括Premiere、After Effects、Audition、C4D等。其中，Premiere软件主要用于对素材进行剪辑；After Effects在制作特效上有着其他软件不可比拟的优势；Audition是一款专业的音频处理软件，主要用于处理音频素材；C4D的全称为CINEMA 4D，常用于三维动画制作及渲染。除了以上软件外，Photoshop、3ds Max、Flash等软件也是需要了解和学习的部分。在进行短视频制作时，用户可以搭配使用多种不同的软件，以达到效率最大化。

Q：在Premiere软件中，如何导入Photoshop软件中带有图层的文件？

A：按照Premiere软件常规导入素材的方法即可。执行"文件 > 导入"命令或按Ctrl+I组合键打开"导入"对话框，从中选中要导入的PSD文件，在弹出的"导入分层文件"对话框中选中要导入的图层，完成后单击"确定"按钮，即可将选中的图层以"素材箱"的形式导入"项目"面板中。

Q：为什么使用Premiere软件剪辑素材并保存后，发送到其他计算机上会出现素材缺失的情况？

A：Premiere软件中的素材均以链接的形式放置在"项目"面板中，所以用户可以看到大部分Premiere软件保存的文档都很小。若想将其发送至其他计算机上，则可以打包所用到的素材一并发送，也可以通过"项目管理器"对话框打包素材文件发送，以免有所疏漏。

Q：Premiere软件中各轨道之间有什么关系？

A：在Premiere软件中，用户将素材拖曳至"时间轴"面板中的轨道上，即可在"节目监视器"面板中预览效果。其中V轨道用于放置图像、视频等可见素材，默认有3条，V1轨道在最下方，上层轨道内容可遮挡下层轨道内容，类似于Photoshop软件中的图层；A轨道则用于放置音频音效等素材。

Q：如何创建多机位序列？

A：导入多机位素材后，执行"剪辑 > 创建多机位源序列"命令，打开"创建多机位源序列"对话框，从中选中同步方法同步素材，完成后单击"确定"按钮，将多机位序列添加至时间轴，在"节目监视器"面板中选择"多机位"切换至多机位模式，即可同时查看所有摄像机的素材，并在摄像机之间切换，以选择用于最终序列的素材。

Q：Premiere导出格式选择"GIF"，怎么输出的是序列图像？

A：若想输出GIF动图，则应在"输出设置"对话框中选择"动画GIF"格式。

第3章

短视频剪辑基础操作

剪辑是短视频制作过程中的重要步骤，决定了视频的脉络梗概与最终呈现效果。本章将通过介绍选择工具、波纹编辑工具、剃刀工具等常用剪辑工具，以及监视器和"时间轴"面板中的剪辑操作，对视频剪辑进行介绍。

3.1 剪辑工具的应用

素材的处理是影视后期制作中一个非常重要的环节。用户可以通过剪辑将素材融合，制作出创意视频效果。Premiere软件提供了多种用于剪辑的工具，这些工具位于"工具"面板中，如图3-1所示。下面对这些剪辑工具进行介绍。

图 3-1

3.1.1 选择工具

使用"选择工具" ▶ 可以在"时间轴"面板中的轨道上选中素材并进行调整。按住Alt键可以单独选中链接素材的音频或视频部分，如图3-2所示。

● 若想选中多个不连续的素材，可以按住Shift键单击要选中的素材。
● 若想选中多个连续的素材，可以选择"选择工具" ▶ 后按住鼠标左键拖曳，框选要选中的素材。

3.1.2 选择轨道工具

选择轨道工具包括"向前选择轨道工具" ➡ 和"向后选择轨道工具" ⬅ 两种。使用该类工具可以选中当前位置箭头方向一侧的所有素材。图3-3所示为使用"向前选择轨道工具" ➡ 选择的效果。

图 3-2

图 3-3

3.1.3 波纹编辑工具

"波纹编辑工具" ⬌ 可以改变"时间轴"面板中素材的出点或入点，且保持相邻素材间不出现间隙。选择"波纹编辑工具" ⬌，将鼠标指针移动至两个相邻素材之间，当鼠标指针变为 ◖ 或 ◗ 形状时，拖曳鼠标即可修改素材的出点或入点位置。调整后，相邻的素材会自动补位上前，如图3-4、图3-5所示。

图 3-4

图 3-5

3.1.4 滚动编辑工具

"滚动编辑工具" ⬌ 可以改变一个剪辑的入点和与之相邻剪辑的出点，且保持影片总长度不变。选择"滚动编辑工具" ⬌，将鼠标指针移动至两个素材片段之间，当鼠标指针变为 ‖ 形状时，拖曳鼠标即可调整相邻素材的长度。图3-6所示为向右拖曳的效果。

图 3-6

3.1.5 比率拉伸工具

　　"比率拉伸工具" 可以改变素材的速度和持续时间，但保持素材的出点和入点不变。选择"比率拉伸工具" ，移动鼠标指针至"时间轴"面板中某段素材的开始或结尾处，当鼠标指针变为 形状时，拖曳鼠标即可改变素材片段长度，如图3-7所示。

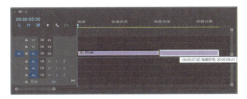

图 3-7

　　除了使用"比率拉伸工具" 改变素材的速度和持续时间外，用户还可以通过"剪辑速度/持续时间"对话框更加精准地设置素材的速度和持续时间。

　　在"时间轴"面板中选中要调整速度的素材片段，单击鼠标右键，在弹出的快捷菜单中执行"速度/持续时间"命令，打开图3-8所示的"剪辑速度/持续时间"对话框，在其中设置参数后单击"确定"按钮即可。

图 3-8

　　"剪辑速度/持续时间"对话框中各选项作用介绍如下。

● 速度：用于调整素材片段播放速度。大于100%为加速播放，小于100%为减速播放，等于100%为正常速度播放。

● 持续时间：用于设置素材片段的持续时间。

● 倒放速度：勾选该复选框，素材将反向播放。

● 保持音频音调：当改变音频素材的持续时间时，勾选该复选框可保证音频音调不变。

● 波纹编辑，移动尾部剪辑：勾选该复选框，片段加速导致的缝隙处将被自动填补。

● 时间插值：用于设置调整素材速度后如何填补空缺帧，包括帧采样、帧混合和光流法三个选项。其中，帧采样可根据需要重复或删除帧，以达到所需的速度；帧混合可根据需要重复帧并混合帧，以辅助提升动作的流畅度；光流法是软件分析上下帧生成新的帧，在效果上更加流畅美观。

短视频剪辑、调色与特效制作（全彩微课版） ——DeepSeek+Premiere

3.1.6 剃刀工具

"剃刀工具" 可以将一个素材片段剪切为两个或多个素材片段，从而方便用户分别进行编辑。选择"剃刀工具" ，在"时间轴"面板中要剪切的素材上单击，即可在单击位置将素材剪切为两段，如图3-9、图3-10所示。

图 3-9

图 3-10

若想在当前位置剪切多个轨道上的素材，则按住Shift键单击，即可剪切当前位置所有轨道上的素材，如图3-11、图3-12所示。

图 3-11

图 3-12

提示：

在"时间轴"面板中单击"对齐" 按钮，当"剃刀工具" 靠近时间标记 或其他素材入出点时，剪切点会自动移动至时间标记或入出点所在处，并从该处剪切素材。

3.1.7 内滑和外滑工具

内滑和外滑工具都可用于调整时间轴中素材片段的剪辑顺序与时长。下面对此进行介绍。

1. 内滑工具

"内滑工具" 可以将"时间轴"面板中的某个素材片段向左或向右移动，同时改变其相邻片段的出点和后一相邻片段的入点，三个素材片段的总持续时间及在"时间轴"面板中的位置保持不变。

选择"内滑工具" ，移动鼠标指针至要移动的素材片段上，当鼠标指针变为 形状时，拖曳鼠标即可，如图3-13所示。

图 3-13

提示：

使用"内滑工具" 时，前一段素材片段的出点后和后一段素材片段的入点前需有预留出的余量供调节使用。

2. 外滑工具

"外滑工具" 可以同时更改"时间轴"面板中某个素材片段的入点和出点，并保持片段长度不变，相邻片段的出入点及长度也不变。

选择"外滑工具" ，移动鼠标指针至素材片段上，当鼠标指针变为 形状时，拖曳鼠标即可，如图3-14所示。用户可以在"节目监视器"面板中查看前一片段的出点、后一片段的入点及画面帧数等信息，如图3-15所示。

图 3-14

图 3-15

> **提示：**
> 使用"外滑工具" 时，入点前和出点后需有预留出的余量供调节使用。

3.1.8 实操案例：闪屏短视频

在视频片头部分或者回忆部分，常常可以看到一些闪屏效果的片段。添加闪屏特效可以使视频更加酷炫，更具吸引力。下面结合"剃刀工具" 等工具的应用，介绍闪屏效果的制作方法。

实例：闪屏短视频
素材位置：配套资源\第3章\实操案例\素材\跳舞.mp4、散步.mp4
实例效果：配套资源\第3章\实操案例\效果\闪屏短视频.mp4

Step01：新建项目，在"项目"面板空白处双击打开"导入"对话框，从中选中本案例素材文件"跳舞.mp4"和"散步.mp4"，单击"打开"按钮，导入本案例素材文件。选中"跳舞.mp4"素材，将其拖曳至"时间轴"面板中，软件将自动以该素材的格式创建序列，如图3-16所示。

Step02：在"时间轴"面板中选中"跳舞"素材，单击鼠标右键，在弹出的快捷菜单中执行"取消链接"命令，取消音视频链接，并删除音频素材，如图3-17所示。

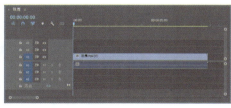

图 3-16

图 3-17

Step03：在"项目"面板中选中"散步.mp4"素材，拖曳至"时间轴"面板中的V2轨道上，取消音视频链接，删除音频素材，如图3-18所示。

Step04：移动播放指示器至00:00:04:00处，选择"工具"面板中的"剃刀工具" ，在"时间轴"面板中V2轨道素材播放指示器所在处单击，将素材剪切为两段。移动播放指示器至00:00:05:10处，使用"剃刀工具" 再次在V2轨道素材播放指示器所在处单击，将素材剪切为两段，选中第1段和第3段，按Delete键删除，如图3-19所示。

短视频剪辑、调色与特效制作（全彩微课版） ——DeepSeek+Premiere

| 图 3-18 | 图 3-19 |

Step05：移动播放指示器至00:00:04:00处，按键盘上的→方向键向右移动一帧，使用"剃刀工具" 在V2轨道素材播放指示器所在处单击，将其裁切为两段，如图3-20所示。

Step06：重复操作，直至V2轨道素材的最后一帧，如图3-21所示。

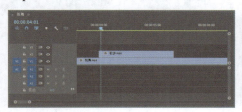

| 图 3-20 | 图 3-21 |

Step07：选中第2个、第4个、……、第34个剪切后的片段，按Delete键删除，如图3-22所示。

Step08：至此，完成闪屏短视频的制作。移动播放指示器至初始位置，按空格键播放即可观看效果，如图3-23所示。

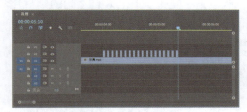

| 图 3-22 | 图 3-23 |

> **提示：**
>
> 在制作闪屏效果时，用户可以设置上层轨道素材较短的持续时间，以免闪屏过多影响观看体验。除了使用剪切素材的方式制作闪屏效果外，用户还可以添加"闪光灯"视频效果制作闪屏效果。

3.2 素材剪辑

除了使用工具剪辑素材外，用户还可以在监视器面板或"时间轴"面板中对素材进行调整，以得到需要的素材片段。

3.2.1 在监视器面板中剪辑素材

Premiere软件包括两种监视器面板："源监视器"面板和"节目监视器"面板。其中，"源监视器"面板可播放各个素材片段，对"项目"面板中的素材进行设置；"节目监视器"面板可播放"时间轴"面板中的素材，对最终输出视频效果进行预览。

1. 节目监视器

在"节目监视器"面板中可以预览"时间轴"面板中素材播放的效果，以便用户进行检查和修改。图3-24所示为"节目监视器"面板。

该面板中部分选项作用介绍如下。

图 3-24

● 选择缩放级别 适合 ：用于选择合适的缩放级别放大或缩小视图，以适应监视器的可查看区域。

● 设置 🔧 ：单击该按钮，可在弹出的菜单中执行命令设置分辨率、参考线等。

● 添加标记 🔖 ：单击该按钮，将在当前位置添加一个标记，或按M键添加标记。标记可以提供简单的视觉参考。

● 标记入点 ﹛ ：用于定义编辑素材的起始位置。

● 标记出点 ﹜ ：用于定义编辑素材的结束位置。

● 转到入点 ◄ ：将播放指示器快速移动至入点处。

● 后退一帧（左侧） ◄ ：用于将播放指示器向左移动一帧。

● 播放-停止切换 ► ：用于播放或停止播放。

● 前进一帧（右侧） ► ：用于将播放指示器向右移动一帧。

● 转到出点 ► ：将播放指示器快速移动至出点处。

● 提升 🔳 ：单击该按钮，将删除目标轨道（蓝色高亮轨道）上出入点之间的素材片段，对前、后素材，以及其他轨道上的素材位置都不产生影响，如图3-25、图3-26所示。

图 3-25   图 3-26

● 提取 🔳 ：单击该按钮，将删除时间轴上位于出入点之间的所有轨道上的片段，并将后方素材前移，如图3-27、图3-28所示。

图 3-27   图 3-28

● 导出帧 📷 ：用于将当前帧导出为静态图像。单击该按钮，将打开图3-29所示的"导出帧"对话框，在其中勾选"导入到项目中"复选框，即可将图像导入"项目"面板中。

● 按钮编辑器 ➕ ：单击该按钮，可以打开"按钮编辑器"面板自定义"节目监视器"面板中的按钮，如图3-30所示。

短视频剪辑、调色与特效制作（全彩微课版） ——DeepSeek+Premiere

图 3-29

图 3-30

2. 源监视器

"源监视器"面板和"节目监视器"面板非常相似,只是在功能上有所不同。在"项目"面板中双击要编辑的素材,即可在"源监视器"面板中打开该素材,如图3-31所示。

图 3-31

该面板中部分选项作用介绍如下。

● 仅拖动视频█:将该按钮拖曳至"时间轴"面板中的轨道上,可将调整的素材片段的视频部分放置在"时间轴"面板中。

● 仅拖动音频█:将该按钮拖曳至"时间轴"面板中的轨道上,可将调整的素材片段的音频部分放置在"时间轴"面板中。

● 插入█:单击该按钮,当前选中的素材将插入时间标记后原素材中间,如图3-32所示。

● 覆盖█:单击该按钮,插入的素材将覆盖时间标记后原有的素材,如图3-33所示。

图 3-32

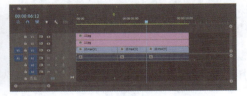

图 3-33

● 按钮编辑器█:单击该按钮,将打开"按钮编辑器"面板,在其中可以自定义"源监视器"面板中的按钮。

3.2.2 在"时间轴"面板中编辑素材

在"时间轴"面板中选中要编辑的素材并右击,在弹出的快捷菜单中选择相应的命令实现对素材的调整操作。常见的编辑素材的操作方法介绍如下。

1. 帧定格

帧定格可以将素材片段中的某帧静止,该帧之后的帧均以静帧的方式显示。用户可以执行"添加帧定格"命令或"插入帧定格分段"命令使帧定格。

（1）添加帧定格

"添加帧定格"命令可以冻结当前帧，类似于将其作为静止图像导入。在"时间轴"面板中选中要添加帧定格的素材片段，移动播放指示器至要冻结的帧，单击鼠标右键，在弹出的快捷菜单中执行"添加帧定格"命令，即可将之后的内容定格，如图3-34所示。帧定格部分在名称或颜色上没有任何变化。

用户也可以在选中素材片段后，执行"剪辑 > 视频选项 > 添加帧定格"命令，将当前帧及之后的帧冻结。

（2）插入帧定格分段

"插入帧定格分段"命令可以在当前播放指示器位置将素材片段拆分，并插入一个2秒（默认时长）的冻结帧。

在"时间轴"面板中选中要添加帧定格的素材片段，移动播放指示器至插入帧定格分段的帧，单击鼠标右键，在弹出的快捷菜单中执行"插入帧定格分段"命令，即可插入2秒的冻结帧，如图3-35所示。

图 3-34

图 3-35

同样地，用户也可以在选中素材片段后，执行"剪辑 > 视频选项 > 插入帧定格分段"命令，插入冻结帧。

2. 复制/粘贴素材

在"时间轴"面板中，若想复制现有的素材，则可以通过快捷键或相应的命令来实现。选中要复制的素材，按Ctrl+C组合键复制，移动播放指示器至要粘贴的位置，按Ctrl+V组合键粘贴即可。此时播放指示器后面的素材被覆盖，如图3-36、图3-37所示。

图 3-36

图 3-37

用户也可以按Ctrl+Shift+V组合键粘贴插入，此时播放指示器所在处的素材被剪切为两段，播放指示器后面的素材向后移动，如图3-38所示。

图 3-38

提示：

执行"编辑"菜单中的命令也可以复制粘贴素材。

3. 删除素材

在"时间轴"面板中，用户可以执行"清除"命令或"波纹删除"命令删除素材。这两种方法的不同之处在于："清除"命令删除素材后，轨道上会留下该素材的空位；而"波纹删除"命令删除素材后，后面的素材会自动补位上前。

（1）"清除"命令

选中要删除的素材，执行"编辑 > 清除"命令或按Delete键，即可删除素材，如图3-39所示。

（2）"波纹删除"命令

选中要删除的素材，执行"编辑 > 波纹删除"命令或按Shift+Delete组合键，即可删除素材并使后一段素材自动前移，如图3-40所示。

图 3-39

图 3-40

4. 分离 / 链接音视频素材

在"时间轴"面板中编辑素材时，部分素材带有音视频信息，若想单独对音频信息或视频信息进行编辑，则可以选择将其分离。分离后的音视频素材可以重新链接。选中要解除链接的音视频素材，单击鼠标右键，在弹出的快捷菜单中执行"取消链接"命令，即可将其分离。分离后可单独选择，如图3-41所示。

图 3-41

若想重新链接音视频素材，则选中看视频后单击鼠标右键，在弹出的快捷菜单中执行"链接"命令即可。

3.2.3 实操案例：定格拍照短视频

在展示照片时，常用到的一种方法是定格拍照效果。通过制作拍照效果，可以给观众带来沉浸式的体验。下面结合帧定格等知识，介绍拍照效果的制作方法。

> 实例：定格拍照短视频
> 素材位置：配套资源＼第3章＼实操案例＼素材＼冰球.mp4、快门.wav
> 实例效果：配套资源＼第3章＼实操案例＼效果＼定格拍照短视频.mp4

Step01：新建项目和序列，并导入本案例素材文件"冰球.mp4"和"快门.wav"，如图3-42所示。

Step02：选中"冰球.mp4"素材，将其拖曳至"时间轴"面板中的V1轨道上，如图3-43所示。在弹出的"剪辑不匹配警告"对话框中单击"保持现有设置"按钮。

Step03：移动播放指示器至00:00:04:24处，使用"剃刀工具" 在播放指示器处单击，剪切素材，并删除右半部分，效果如图3-44所示。

Step04：选中"时间轴"面板中的素材，单击鼠标右键，在弹出的快捷菜单中执行"缩放为帧大小"命令，调整素材视频帧大小，效果如图3-45所示。

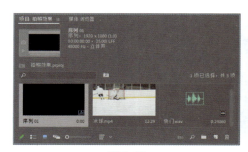

图 3-42

图 3-43

图 3-44

图 3-45

Step05：在"时间轴"面板中移动播放指示器至00:00:02:02处，单击鼠标右键，在弹出的快捷菜单中执行"添加帧定格"命令，将当前帧作为静止图像导入，如图3-46所示。

Step06：选中V1轨道上的第2段素材，按住Alt键向上拖曳，复制该素材，如图3-47所示。

图 3-46

图 3-47

Step07：在"效果"面板中搜索"高斯模糊"视频效果，将其拖曳至V1轨道上的第2段素材上，在"效果控件"面板中设置"模糊度"为60，并勾选"重复边缘像素"复选框，如图3-48所示。隐藏V3轨道上的素材，在"节目监视器"面板中预览，效果如图3-49所示。

图 3-48

图 3-49

Step08：打开"基本图形"面板，在"编辑"选项卡中单击"新建图层" ▣ 按钮，在弹出的菜单中执行"矩形"命令，新建矩形图层，在"基本图形"面板中设置矩形参数，如图3-50所示。在"节目监视器"面板中设置缩放级别为25%，调整矩形大小，如图3-51所示。

短视频剪辑、调色与特效制作（全彩微课版）　——DeepSeek+Premiere

图 3-50   图 3-51

Step09：在"节目监视器"面板中设置缩放级别为适合，在"时间轴"面板中使用"选择工具"在V2轨道素材上的末端拖曳，调整其持续时间。

Step10：选中V2轨道上的素材，移动播放指示器至00:00:02:02处，如图3-52所示。在"效果控件"面板中单击"缩放"参数和"旋转"参数左侧的"切换动画" 按钮，添加关键帧，移动播放指示器至00:00:02:15处，调整"缩放"参数和"旋转"参数，软件将自动添加关键帧，如图3-53所示。

图 3-52   图 3-53

Step11：显示V3轨道上的素材并选中，移动播放指示器至00:00:02:02处，在"效果控件"面板中单击"缩放"参数和"旋转"参数左侧的"切换动画" 按钮，添加关键帧，移动播放指示器至00:00:02:15处，调整"缩放"参数和"旋转"参数，软件将自动添加关键帧，如图3-54所示。此时，"节目监视器"面板中的效果如图3-55所示。

图 3-54   图 3-55

Step12：移动播放指示器至00:00:02:02处，将"快门.wav"素材拖曳至A1轨道上，如图3-56所示。

Step13：至此，完成定格拍照短视频的制作。移动播放指示器至初始位置，按空格键播放即可观看效果，如图3-57所示。

图 3-56

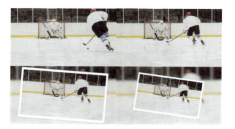

图 3-57

3.3 AIGC 案例实战：立春主题短视频

短视频是一种常见的内容表现形式，具备多种不同的风格类型。下面综合应用视频剪辑的相关知识，介绍立春主题短视频的制作。

> 实例：立春主题短视频
> 素材位置：配套资源\第3章\案例实战\素材\"素材"文件夹
> 实例效果：配套资源\第3章\案例实战\效果\立春短视频.mp4

1. DeepSeek 智能脚本生成

通过DeepSeek可以快速生成创意脚本。以立春主题短视频脚本为例，在DeepSeek对话框中输入以下内容。

提问：制作一段10秒的立春节气主题短视频脚本，须带有文案。

内容生成如下。

《立春·新生》短视频脚本

【镜头1】（2秒）俯拍视角，冰封湖面裂开一道细缝，晶莹水滴坠入冰面

文案字幕：东风解冻 蛰虫始振（古筝音效渐入）

【镜头2】（2秒）微距镜头，枯枝嫩芽顶开积雪，露珠折射晨光

（音效：冰晶碎裂声+清脆鸟鸣）

【镜头3】（3秒）延时摄影，玉兰花苞在故宫红墙前层层绽放

文案字幕：万物含新意 同欢圣日长（加入笛子旋律）

【镜头4】（3秒）航拍镜头，梯田春水映天色，蓑衣农人扬鞭驱牛

（音效：悠扬牛角号声）

最终定版字幕：立春·阳和启蛰（毛笔字动画题写节气名）

【背景音乐】古琴版《阳春白雪》混合自然音效，前8秒渐强，最后2秒余韵渐弱

【创意说明】通过微观与宏观视角交替，展现生命破界而出的张力，将农耕文明与自然哲学融合在10秒视觉诗篇中。红墙玉兰的意象既凸显节气传统，又形成强烈色彩记忆点。

根据回答内容，拍摄或生成素材，进行后续的制作。

2. Premiere 视频制作

Step01：新建项目和序列，并导入本章素材文件，如图3-58所示。

图 3-58

Step02：将"水滴落下.mp4"拖曳至"时间轴"面板的V1轨道中，并选中素材单击鼠标右键，在弹出的快捷菜单中执行"取消链接"命令，取消音视频链接，选中音频部分按Delete键删除，效果如图3-59所示。

Step03：选中"比率拉伸工具"![icon]，移动鼠标指针至"时间轴"面板的V1轨道素材出点处，按住鼠标左键拖曳鼠标调整，如图3-60所示。

图 3-59

图 3-60

Step04：将"发芽.mp4"素材拖曳至V1轨道素材右侧，删除音频后，使用"比率拉伸工具"![icon]调整持续时间，如图3-61所示。

Step05：将"玉兰花.mp4"素材拖曳至V1轨道素材右侧，删除音频后，使用"比率拉伸工具"![icon]调整持续时间，如图3-62所示。

图 3-61

图 3-62

Step06：将"水田.mp4"素材拖曳至V1轨道素材右侧，删除音频后，使用"比率拉伸工具"![icon]调整持续时间，如图3-63所示。

Step07：将"红纸.jpg"素材拖曳至V1轨道素材右侧，将"立春.jpg"素材拖曳至V2轨道，如图3-64所示。

图 3-63

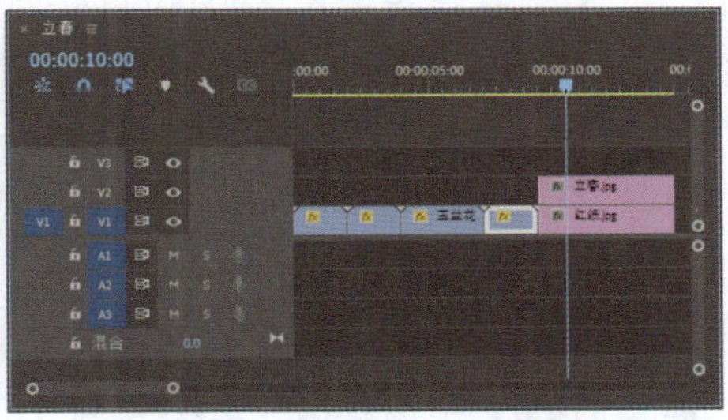

图 3-64

Step08：选中"剃刀工具"![icon]，按住Shift键在00:00:10:00处单击裁切素材，如图3-65所示。

Step09：选中V1和V2轨道00:00:10:00右侧的素材，按Delete键删除，如图3-66所示。

Step10：选中V2轨道素材，在"效果控件"面板中单击"不透明度"属性左侧的"切换动画"![icon]按钮添加关键帧，并设置混合模式为"滤色"，如图3-67所示。

Step11：移动播放指示器至00:00:09:00处，设置"不透明度"属性为0.0%，软件将自动添加关键帧，如图3-68所示。

图 3-65

图 3-66

图 3-67

图 3-68

Step12：选中V1和V2轨道中的图片素材，单击鼠标右键，在弹出的快捷菜单中执行"嵌套"命令，打开"嵌套序列名称"对话框，设置名称，如图3-69所示。完成后单击"确定"按钮嵌套序列，如图3-70所示。

图 3-69

图 3-70

Step13：移动播放指示器至00:00:00:00处，在"节目监视器"中单击"按钮编辑器" ➕ 按钮，打开"按钮编辑器"，将"安全边距" ▣ 拖曳至"节目监视器"面板的按钮区域，如图3-71所示。

Step14：单击"确定"按钮确认设置。单击"安全边距" ▣ 按钮显示安全边距，如图3-72所示。

图 3-71

图 3-72

Step15：选择工具面板中的"文字工具" ⊺，在"节目监视器"面板的安全边距内单击输入文本，如图3-73所示。

Step16：此时"时间轴"面板的V2轨道中自动出现文本，如图3-74所示。

图 3-73   图 3-74

Step17：调整文本持续时间与V1轨道中的第1段素材一致，如图3-75所示。

Step18：选中"节目监视器"面板中的文本，在"效果控件"面板中设置喜欢的文本参数，如图3-76所示。

图 3-75   图 3-76

Step19：在"基本图形"面板中单击"水平居中对齐" ▣ 按钮设置水平居中，效果如图3-77所示。

Step20：选中"时间轴"面板V2轨道中的文本，按住Alt键向右拖曳鼠标复制，并调整持续时间，如图3-78所示。

图 3-77   图 3-78

Step21：在"节目监视器"面板中双击文本进入编辑模式，修改文本内容，如图3-79所示。

Step22：双击音频素材在"源监视器"面板中打开，在00:00:35:22处单击"标记入点" ▌ 按钮标记入点，在00:00:45:21处单击"标记出点" ▌ 按钮标记出点，如图3-80所示。

Step23：将"源监视器"面板中的音频素材拖曳至"时间轴"面板的A1轨道中，如图3-81所示。

Step24：在"效果"面板中搜索"恒定功率"音频过渡效果，拖曳至A1轨道素材的入点和出点处，如图3-82所示。

图 3-79

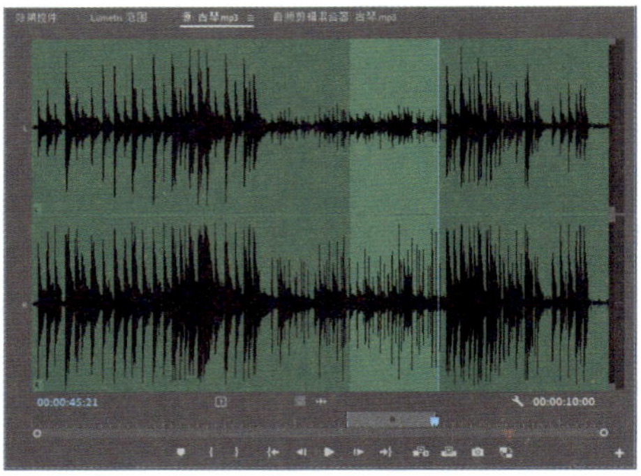

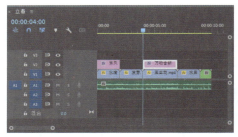

图 3-80

图 3-81

图 3-82

Step25：单击"安全边距"▢按钮隐藏安全边距。单击"节目监视器"面板中的"播放-停止切换"▶按钮预览效果，如图3-83所示。

图 3-83

至此，立春主题短视频制作完成。

3.4 知识拓展

Q：剪辑素材的作用是什么？

A：在制作影片时，往往会使用到大量的素材，剪辑素材就是对素材进行处理编辑的过程。通过对素材进行剪辑，用户可以选用素材中优秀的部分，以使最终的成品质量更佳，配合也更加融洽。

Q：什么是非线性编辑？

A：非线性编辑是指借助计算机进行数字化制作的编辑。在使用非线性编辑软件时，用户仅需上传一次就可以多次进行编辑，且不影响素材的质量，从而节省人力物力，提高剪辑的效率。Premiere、After Effects都属于非线性编辑软件。

Q：在Premiere中改变音频持续时间后，音调发生了变化，怎么避免这一情况出现？

A：在调整音频持续时间时，除了剪切素材外，用户还可以执行"速度/持续时间"命令，打开"剪辑速度/持续时间"对话框，勾选"保持音频音调"复选框，就可以保持音频的音调。要注意的是，当音频素材持续时间与原始持续时间差异过大时，还是建议用户重新选择合适的音频素材进行应用。

Q：标记有什么作用？怎么应用？

A：标记可以指示重要的时间点，帮助用户定位素材文件。当素材中存在多个标记时，鼠标右键单击监视器面板或"时间轴"面板中的标尺，在弹出的快捷菜单中选择"转到下一个标记"命令或"转到上一个标记"命令，时间标记会自动跳转到对应的位置。

● 若想对标记的名称、颜色、注释等信息进行更改，可以双击标记按钮▊或右击标记按钮▊，在弹出的快捷菜单中执行"编辑标记"命令，在打开的对话框中修改。

● 若想删除标记，可以右击监视器面板或"时间轴"面板中的标尺，在弹出的快捷菜单中执行"清除所选的标记"命令或"清除所有标记"命令，删除相应的标记。

Q：怎么将某一帧中的画面生成静态图像并应用？

A：移动播放指示器至要导出的帧后，单击"节目监视器"面板中的"导出帧"📷按钮，在弹出的"导出帧"对话框中设置参数可将当前帧导出为静态图像，勾选"导入到项目中"复选框可将图像导入"项目"面板中。

Q：怎么取消选择选中的某个素材？

A：按住Shift键单击选中的素材，可将其取消选择。

Q：Premiere中嵌套的作用和意义是什么？

A：嵌套是指将多个素材组合成一个新的序列，并作为单独的素材出现在"项目"面板和"时间轴"面板中。该操作可以简化复杂项目中的"时间轴"面板，使编辑工作更加清晰有序。要注意的是，Premiere中的嵌套操作不可逆。

第4章
短视频字幕设计

文本是短视频非常重要的组成部分，它可以推进情节发展、揭示短视频内容，同时可以使观众沉浸在短视频内容中。本章将对 Premiere 中字幕的创建及编辑进行讲解，包括使用文字工具创建文本；使用"基本图形"面板创建与编辑文本；使用"效果控件"面板编辑文本等内容。

4.1 创建文本

文本是短视频不可或缺的部分，在短视频中起着传递信息、引导观看、增强情感、强调关键点等作用。

4.1.1 文字工具

"工具"面板中的"文字工具" T 和"垂直文字工具" T 可直接用于创建文本。选择"文字工具" T 或"垂直文字工具" T，在"节目监视器"面板中单击输入文字即可。图4-1所示为使用"垂直文字工具" T 创建并调整的文字效果。此时"时间轴"面板中自动出现持续时间为5秒钟的文字素材，如图4-2所示。

图 4-1   图 4-2

创建文本后，可以使用"选择工具" ▶ 在"节目监视器"面板中选择并移动文字位置，还可以缩放或旋转文字，如图4-3所示。

图 4-3

> **提示：**
>
> 选择文本工具后，在"节目监视器"面板中拖曳鼠标绘制文本框，可创建区域文字。用户可以通过调整区域文本框的大小来调整文字的可见内容，而不影响文字的大小。

4.1.2 "基本图形"面板

"基本图形"面板支持创建文本、图形等内容。执行"窗口>基本图形"命令，打开"基本图形"面板。选择"编辑"选项卡，单击"新建图层"按钮，在弹出的菜单中执行"文本"命令或按Ctrl+T组合键，"节目监视器"面板中将出现默认的文字，双击文字可进入编辑模式对其内容进行更改，如图4-4所示。

选中文本素材，使用"文字工具"在"节目监视器"面板中输入文字，文本将和原文本在同一素材中。此时"基本图形"面板中新增一个文字图层，用户可以选中单个或多个文字图层进行操作，如图4-5所示。

图 4-4   图 4-5

"基本图形"面板的"浏览"选项卡中提供了多种预设的模板，如图4-6所示。选中模板拖曳至"时间轴"面板中的轨道上即可应用。

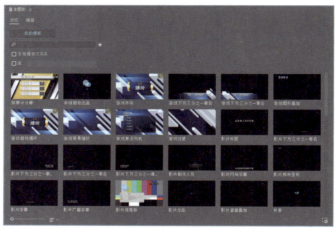

图 4-6

4.1.3 AIGC 实操案例：打字效果

本案例将练习制作打字效果。这里会使用DeepSeek提供文案，使用Premiere制作短视频。

实例：打字效果	
素材位置：配套资源＼第4章＼实操案例＼素材＼打字.mov、打字.mp3	
实例效果：配套资源＼第4章＼实操案例＼效果＼打字.mp4	

1. DeepSeek 文案生成

DeepSeek可以生成丰富的文案。以打字效果短视频为例，在DeepSeek对话框中输入以下内容。

提问：请提供一句励志奋斗的短语，10个字以内。要求短语简洁有力，能够激发人们的斗志和勇气。

内容生成如下。

"砥砺前行，星辰可攀"

（注：10字短语，融合了"脚踏实地"与"仰望星空"的双重意象。"砥砺"出自《山海经》，原指磨刀石，引申为磨炼意志；"星辰可攀"化用李白"手可摘星辰"的意境，象征突破极限。全句既强调奋斗过程的坚韧，又描绘了征服高峰的愿景，符合新时代"脚踏实地、志存高远"的奋斗精神。）

以DeepSeek生成内容作为文案，制作打字效果。

2. Premiere 视频制作

Step01：打开Premiere软件，新建项目和序列。按Ctrl+I组合键，打开"导入"对话框导入本章音视频素材文件，如图4-7所示。

Step02：选中视频素材，将其拖曳至"时间轴"面板的V1轨道中，如图4-8所示。

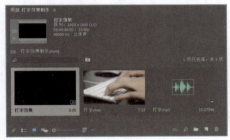

图 4-7 图 4-8

Step03：移动播放指示器至00:00:00:00处，使用"文字工具" T 在"节目"监视器面板中单击输入文字，如图4-9所示。

Step04：选中输入的文字，在"效果控件"面板中设置字体、大小等参数，如图4-10所示。

图 4-9 图 4-10

Step05：移动播放指示器至00:00:00:00处，单击"源文本"参数左侧的"切换动画" 按钮添加关键帧，并删除文本框中的文字内容；按Shift+→组合键将播放指示器右移5帧，重复一次，在文本框中输入第一个文字，软件将自动添加关键帧，如图4-11所示。

Step06：使用相同的方法，右移10帧，输入第2个文字，如图4-12所示。

图 4-11 图 4-12

　　Step07：使用相同的方法，继续每隔10帧输入一个文字，制作文字逐个出现的效果，如图4-13所示为完成后的效果。

　　Step08：取消选择任何轨道中的素材，移动播放指示器至00:00:00:00处，在"基本图形"面板的"编辑"选项卡中单击"新建图层"按钮，在弹出的菜单中执行"矩形"命令新建矩形图形，使用选择工具在"节目"监视器面板中调整其大小和位置（文本左侧），在"基本图形"面板中设置其填充为白色，效果如图4-14所示。

图 4-13　　　　　　　　　　　　　　　　图 4-14

　　Step09：移动播放指示器至00:00:00:00处，选中"时间轴"面板中的矩形素材，单击"效果控件"面板"位置"参数左侧的"切换动画"按钮添加关键帧；按Shift+→组合键将播放指示器右移5帧，重复一次，调整矩形位置使其位于第一个文字右侧，软件将自动添加关键帧，如图4-15所示。

　　Step10：使用相同的方法，每隔10帧调整一次矩形位置，使其位于出现的文字之后，如图4-16所示。

图 4-15　　　　　　　　　　　　　　　　图 4-16

　　Step11：选中所有关键帧，单击鼠标右键，在弹出的快捷菜单中执行"临时插值>定格"命令，将关键帧定格，如图4-17所示。

　　Step12：移动播放指示器至00:00:00:00处，选中"时间轴"面板中的矩形素材，单击"效果控件"面板"不透明度"参数左侧的"切换动画"按钮添加关键帧；按Shift+→组合键将播放指示器右移5帧，修改"不透明度"参数为0.0%，软件将自动添加关键帧，如图4-18所示。

图 4-17　　　　　　　　　　　　　　　　图 4-18

　　Step13：再次按Shift+→组合键将播放指示器右移5帧，修改"不透明度"参数为100.0%，软件将自动添加关键帧，如图4-19所示。

Step14：选中不透明度的第2个和第3个关键帧，按Ctrl+C组合键复制，按Shift+→组合键将播放指示器右移5帧，按Ctrl+V组合键粘贴；按Shift+→组合键两次将播放指示器右移10帧，按Ctrl+V组合键粘贴，重复操作，复制关键帧，如图4-20所示。

图 4-19

图 4-20

Step15：将音频素材拖曳至"时间轴"面板的A1轨道中，移动播放指示器至00:00:04:05处，使用剃刀工具按住Shift键剪切所有轨道素材，并删除右侧内容，如图4-21所示。

Step16：至此完成打字效果的制作，在"节目"监视器面板中按空格键预览，效果如图4-22所示。

图 4-21

图 4-22

4.2 编辑和调整文本

根据不同的用途，在创建文本后，可以对其进行编辑美化，使其达到更佳的视觉效果。本节将对短视频制作中文本的调整与编辑进行介绍。

4.2.1 "效果控件"面板

"效果控件"面板主要用于对"时间轴"面板中选中素材的各项参数进行设置。同理，用户可以在该面板中对选中文本素材的参数进行设置。图4-23所示为选中文本素材时的"效果控件"面板。

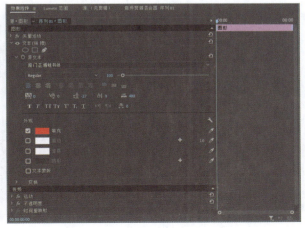

图 4-23

1. 源文本基础属性

选中"时间轴"面板中的文字素材，在"效果控件"面板中可以设置文字字体、大小、字间距、行距等基础属性，如图4-24所示。

图 4-24

其中部分常用属性作用介绍如下。

- 字体：用于设置选中文本的字体。
- 字体样式：用于设置文字字重，仅部分字体可设置。
- 字体大小：用于设置文字大小。数值越高，文字越大。
- 对齐：用于设置文本对齐方式，包括左对齐文本█、居中对齐文本█、右对齐文本█、最后一行左对齐█、最后一行居中对齐█、对齐█、最后一行右对齐█、顶对齐文本█、居中对齐文本垂直█及底对齐文本█10种对齐选项。其中，最后一行左对齐█、最后一行居中对齐█、对齐█及最后一行右对齐█仅适用于区域文本。
- 字距调整█：用于放宽或收紧选定文本或整个文本块中字符之间的距离。
- 字偶间距█：用于放宽或收紧单个字符间距。
- 行距█：用于设置文本行间距。
- 基线位移█：用于设置文字在默认高度基础上向上（正）或向下（负）偏移。
- 仿粗体█：用于加粗文字。
- 仿斜体█：用于倾斜文字。
- 全部大写字母█：用于将文字中的英文字母全部改为大写。
- 小型大写字母█：用于将文字中的小写英文字母改为大写，并保持原始高度。
- 上标█：用于将选中的文字更改为上标文字。
- 下标█：用于将选中的文字更改为下标文字。
- 下画线█：用于为选中的文字添加下画线。
- 比例间距█：用于设置选定文本四周宽度。

2. 外观设置

在"效果控件"面板中可以设置文本的外观属性，包括填充、描边、背景、阴影等，如图4-25所示。

（1）填充

勾选"填充"参数左侧的复选框，"节目监视器"面板中的文字将显示设置的填充色，如图4-26所示。单

图 4-25

击填充█色块，在打开的"拾色器"对话框中可以重新设置填充色，也可以为文本添加渐变色，如图4-27所示。

图 4-26

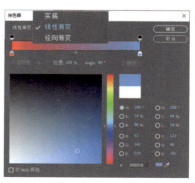

图 4-27

（2）描边

勾选"描边"参数左侧的复选框，文字将显示默认的描边效果。在"效果控件"面板中还可以设置描边颜色、描边宽度等参数。图4-28所示为设置文字描边的效果。

软件支持添加多个文本描边效果。单击"描边"参数中的"向此图层添加描边" ![icon]按钮，将自动新增一个"描边"参数，如图4-29所示。用户可以添加多个文本描边，制作特殊的文字效果。

图 4-28

图 4-29

> **提示：**
>
> 单击"外观"属性右侧的"图形属性" ![icon]按钮，打开"图形属性"对话框可以设置描边样式，如图4-30所示。用户可以根据需要设置线段连接、线段端点等属性，同时在该对话框中还可以设置背景填充模式。
>
>
>
> 图 4-30

（3）背景

勾选"背景"复选框，可以为文字添加背景颜色，同时展开"背景"选项进行更细致的设置，如图4-31所示。

（4）阴影

勾选"阴影"复选框将为文字添加阴影效果，在展开的"阴影"选项中还可以进一步设置阴影效果，如图4-32所示。

图 4-31

图 4-32

> **提示：**
>
> 文字同样可以添加多个阴影效果。

（5）文本蒙版

若同一文本素材中文字下方存在图形，则可以制作文本蒙版效果。选中"时间轴"面板中的文本素材并使用"椭圆工具" ![icon]在"节目监视器"面板中绘制椭圆，在"基本图形"面板中调整椭圆图层至文字图层下方，效果如图4-33所示。

图 4-33

勾选"效果控件"面板中的"文本蒙版"复选框,将显示文字与下方图层重叠部分,如图4-34所示。勾选"反转"复选框,将显示文字下方图层除文字以外的部分,如图4-35所示。

图 4-34

图 4-35

3. 变换文本

选中文本素材,在"效果"面板的"矢量运动"效果中可以对整体的位置、缩放等进行调整,若文本素材中存在多个文本或图形,则可在相应文本或图形参数的"变换"参数中分别进行设置。图4-36所示为文本的"变换"参数。

图 4-36

4.2.2 "基本图形"面板

"基本图形"面板中的选项与"效果控件"面板中的选项基本一致,用户同样可以在该面板中对短视频中的文字进行编辑美化。图4-37所示为"基本图形"面板。

下面对"基本图形"面板与"效果控件"面板中文本设置部分的不同之处进行说明。

1. 对齐和变换

"基本图形"面板支持设置选中的文字与画面对齐,如图4-38所示。其中,垂直居中对齐◙按钮和水平居中对齐◙按钮可设置选中文本与画面中心对齐,如图4-39所示。在仅选中一个文字图层的情况下,其余对齐按钮可设置选中文本与画面对齐;在选中多个文字图层的情况下,其余对齐按钮可设置对选中文本的对齐方式。

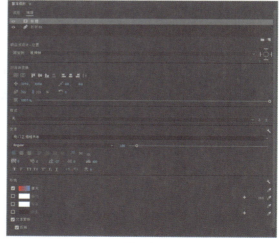

图 4-37

图 4-38

图 4-39

2. 响应式设计 - 位置

"响应式设计-位置"用于将当前图层响应至其他图层，随着其他图层变换而变换，可以使选中图层自动适应视频帧的变化。在文字图层下方新建矩形图层并选中，将其固定到文字图层，更改文字时，"节目监视器"面板中的矩形也会随之变化，如图4-40所示。

图 4-40

3. 响应式设计 - 时间

"响应式设计-时间"基于图形，在未选中图层的情况下，将出现在"基本图形"面板底部，如图4-41所示。

"响应式设计-时间"可以保留开场和结尾关键帧的图形片段，以保证在改变剪辑持续时间时，不影响开场和结尾片段。用户在修剪图形的出点和入点时，也会保护开场和结尾时间范围内的关键帧，同时对中间区域的关键帧进行拉伸或压缩，以适应改变后的持续时间。用户还可以选中"滚动"复选框，制作滚动文字效果。

图 4-41

`4.2.3` 实操案例：综艺花字效果

综艺花字是短视频中常见的一种文字形式，可以补充和强化内容，还可以提升视频的视觉吸引力。下面结合文字工具、"基本图形"面板等内容介绍综艺花字的制作。

实例：综艺花字效果
素材位置：配套资源\第4章\实操案例\素材\出场音效.mp4、猫咪.mov、左.png、右.png
实例效果：配套资源\第4章\实操案例\效果\花字.mp4

Step01：打开Premiere软件，新建项目和序列。按Ctrl+I组合键，打开"导入"对话框导入本章音视频素材文件，如图4-42所示。

Step02：双击视频素材，在"源监视器"面板中预览其效果，并在00:00:59:24处标记出点，如图4-43所示。

图 4-42　　　　　　　　　　　　　　　　　　　　图 4-43

Step03：将"源监视器"面板中的视频拖曳至"时间轴"面板中的V1轨道上，移动播放指示器至00:00:01:00处。选择文字工具，在"节目监视器"面板中单击输入文字，在"效果控件"面板中设置字体、颜色、阴影等参数，效果如图4-44所示。

图 4-44

Step04：选中"左.png"素材拖曳至V3轨道上，选中"右.png"素材拖曳至V4轨道上，调整V2~V4轨道上素材的出点与V1轨道上素材的时间一致，如图4-45所示。

Step05：选中V2~V4轨道上的素材，单击鼠标右键，在弹出的快捷菜单中执行"嵌套"命令，嵌套素材，如图4-46所示。

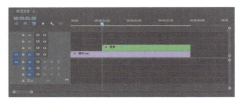

图 4-45　　　　　　　　　　　　　　　　　　　　图 4-46

Step06：选中嵌套序列，在"效果控件"面板中选择"锚点"参数，在"节目监视器"面板中调整锚点至文字中心，如图4-47所示。

Step07：使用"选择工具"在"节目监视器"面板中选中文字，并调整其角度与位置，如图4-48所示。

图 4-47　　　　　　　　　　　　　　　　　　　　图 4-48

Step08：移动播放指示器至00:00:01:00处，选中嵌套序列。在"效果控件"面板中单击"缩放"参数左侧的"切换动画" 按钮，添加关键帧。设置"缩放"为0.0，按Shift+→组合键将播放指示器右移5帧，修改"缩放"为120.0，软件将自动添加关键帧；再次将播放指示器右移5帧，修改"缩放"为100.0，如图4-49所示。选中所有关键帧，单击鼠标右键，执行"缓入"和"缓出"命令，平缓变换效果。

Step09：双击嵌套序列将其打开，选中V3轨道上的素材，在"效果控件"面板中选择"锚点"参数，在"节目监视器"面板中调整锚点至素材中心，如图4-50所示。

图 4-49　　　　　　　　　　　　　　图 4-50

Step10：移动播放指示器至00:00:00:10处，选中V3轨道上的素材。在"效果控件"面板中单击"缩放"参数和"旋转"参数左侧的"切换动画"按钮，添加关键帧，随后设置"缩放""旋转"分别为110.0、−10.0°，如图4-51所示。

Step11：按Shift+→组合键将播放指示器右移5帧，设置"缩放"参数和"旋转"参数，软件将自动添加关键帧，如图4-52所示。

图 4-51　　　　　　　　　　　　　　图 4-52

Step12：选中关键帧，按Ctrl+C组合键复制，移动播放指示器位置，每隔10帧按Ctrl+V组合键粘贴一次，效果如图4-53所示。

Step13：选中所有关键帧，单击鼠标右键，在弹出的快捷菜单中执行"缓入"和"缓出"命令，平滑变换效果，此时关键帧形状有所改变，如图4-54所示。

图 4-53　　　　　　　　　　　　　　图 4-54

Step14：使用相同的方法，为V4轨道上的素材添加相同的关键帧并设置参数，如图4-55所示。

Step15：切换至"综艺花字"序列，双击"项目"面板中的音频素材，在"源监视器"面板中打开，在00:00:00:11处标记出点，如图4-56所示。

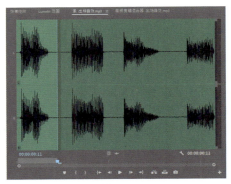

图 4-55   图 4-56

Step16：将"源监视器"面板中的音频拖曳至"时间轴"面板中的A1轨道上，如图4-57所示。

Step17：至此，完成综艺花字效果的制作。在"节目监视器"面板中按空格键预览，效果如图4-58所示。

图 4-57   图 4-58

4.3 AIGC 案例实战：短视频标题制作

文本在短视频中的表现形式包括标题、字幕等，下面结合Premiere及DeepSeek，完成短视频标题的制作及短视频的发布方案。

实例：短视频标题制作
素材位置：配套资源＼第4章＼案例实战＼素材＼伴奏.wav、树.mp4、头像.png
实例效果：配套资源＼第4章＼案例实战＼效果＼短视频标题.mp4

1. Premiere 视频制作

Step01：打开Premiere软件，新建项目和序列。按Ctrl+I组合键，打开"导入"对话框导入本章音视频素材文件，如图4-59所示。

Step02：选中视频素材，将其拖曳至"时间轴"面板的V1轨道中，单击鼠标右键，在弹出的快捷菜单中执行"缩放为帧大小"命令，效果如图4-60所示。

图 4-59   图 4-60

Step03：使用剃刀工具在10秒处裁切素材并删除右侧部分，如图4-61所示。

Step04：选中裁切后的素材单击鼠标右键，在弹出的快捷菜单中执行"取消链接"命令取消音视频链接，删除音频部分，如图4-62所示。

图 4-61

图 4-62

Step05：移动播放指示器至00:00:00:00处，使用文字工具在"节目"监视器面板中的合适位置单击输入文字"秋日浓·旅记"，并在"效果控件"面板中设置参数，如图4-63所示。

Step06：查看效果如图4-64所示。

图 4-63

图 4-64

Step07：调整文字素材的持续时间与V1轨道素材一致，如图4-65所示。

Step08：移动播放指示器至00:00:00:00处，使用矩形工具在"节目"监视器面板中文字左侧绘制一个矩形，并在"效果控件"面板中设置参数，如图4-66所示。

图 4-65

图 4-66

Step09：查看效果如图4-67所示。

Step10：调整矩形素材的持续时间与V1轨道素材一致，如图4-68所示。

图 4-67

图 4-68

Step11：移动播放指示器至00:00:03:00处，在"效果控件"面板中单击"路径"参数左侧的"切换动画"⏺按钮，添加关键帧。移动播放指示器至00:00:00:00处，在"节目"监视器面板中调整矩形形状从上下向中间压缩，如图4-69所示。软件将自动生成关键帧。

Step12：移动播放指示器至00:00:05:00处，选中文字素材后，在"效果控件"面板中单击"视频"属性组"位置"参数左侧的"切换动画"⏺按钮，添加关键帧；移动播放指示器至00:00:03:00处，调整"位置"参数，软件将自动生成关键帧，如图4-70所示。

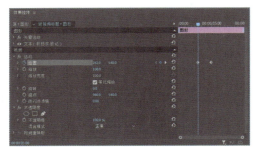

图 4-69   图 4-70

Step13：单击"不透明度"参数下方的"创建4点多边形蒙版"■按钮，创建蒙版。在"节目"监视器面板中调整蒙版形状至完全遮盖文字，如图4-71所示。

Step14：在"效果控件"面板中单击"蒙版路径"参数左侧的"切换动画"⏱按钮，添加关键帧。移动播放指示器至00:00:05:00处，在"节目"监视器面板中调整蒙版位置与2秒处一致，如图4-72所示。软件将自动添加关键帧。

图 4-71   图 4-72

Step15：将图像素材添加至V4轨道，调整其持续时间与其他素材一致，使用相同的方法创建图像自右向左的运动效果，并创建蒙版隐藏其在矩形右侧的部分，如图4-73、图4-74所示。

图 4-73   图 4-74

Step16：选中V2、V3、V4轨道中的素材单击鼠标右键，在弹出的快捷菜单中执行"嵌套"命令将其嵌套，如图4-75所示。

Step17：移动播放指示器至00:00:08:00处，单击"效果控件"面板"不透明度"参数左侧的"切换动画"⏱按钮，添加关键帧。移动播放指示器至00:00:09:00处，调整"不透明度"参数为0.0%，软件将自动生成关键帧，如图4-76所示。

图 4-75   图 4-76

Step18：将音频素材拖曳至A1轨道中，调整其持续时间与V1轨道一致。在"效果控件"面板中设置其"级别"参数为-6.0dB，如图4-77所示。

Step19：在"效果"面板中搜索"恒定功率"音频过渡效果，拖曳至A1轨道素材入点和出点处，如图4-78所示。

图 4-77

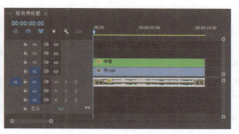
图 4-78

Step20：选中嵌套对象，在"节目"监视器面板中调整位置使其与画面对齐。按Enter键渲染预览，效果如图4-79所示。

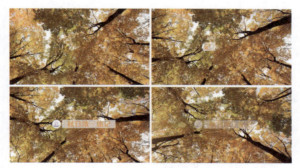
图 4-79

2. 使用 DeepSeek 制作发布方案

制作短视频后，可以利用DeepSeek生成发布方案。以本案例发布方案为例，在DeepSeek对话框中输入以下内容。

提问：请提供一份发布方案，使用Premiere制作了一个"秋日浓·旅记"的10秒短视频，内容为仰视的树林，极缓慢地旋转，整体风格悠闲轻松。要求详细介绍该短视频的发布方式，包括但不限于发布对象、发布时间、发布平台等，确保方案切实可行，具有可操作性。

内容生成如下。

以下是为"秋日浓·旅记"10秒短视频设计的详细发布方案，包含平台选择、发布时间、目标受众及执行步骤，确保可操作性和传播效果最大化。

一、发布平台与适配策略

1. 国内主流平台

平台	适配内容	视频规格	核心优势
抖音/快手	竖屏适配，搭配热门标签（秋日旅行 治愈系风景）	9:16竖屏，1080×1920，60fps	流量大，算法精准，适合快速传播
小红书	强调画面质感与文案氛围（标题+短文案+标签）	4:3或3:4，1080×1440	高消费力用户，自然/生活方式类内容
微信视频号	结合朋友圈转发（配文"秋日慢时光"）	16:9或9:16，1080P	熟人社交裂变，适合私域流量转化
B站动态	作为"治愈向片段"发布，可关联长视频合集	16:9横屏，1080P	年轻用户黏性高，二次创作潜力大

73

2．海外平台（可选）

● Instagram Reels/TikTok：添加AutumnVibes ForestMeditation标签，背景音乐使用平台热门轻音乐。

● YouTube Shorts：标题强调视觉体验（如"4K Slow Rotation: Autumn Forest Therapy"）。

二、发布时间规划

1.季节节点

● 最佳窗口：9月25日—10月15日（北半球秋意最浓时段）

● 备选窗口：若错过秋季，可调整为"冬日静谧前奏"主题微调后发布。

2.分平台发布时间

平台	推荐时间段	理由
抖音/快手	工作日12:00—13:30或周末20:00—21:30	用户午休/晚间休闲时段，信息流曝光高
小红书	周四/周五19:00—21:00	用户"周末出行决策期"内容需求强
微信视频号	周五17:00—18:30	下班通勤时段，朋友圈打开率高
B站	周六10:00—11:00	用户深度浏览时段，适合沉浸式内容

三、目标受众分层

人群特征	触发兴趣点	平台侧重
18~30岁城市白领	减压需求、周末微旅行灵感	小红书、微信视频号
摄影/自然爱好者	画面构图、慢镜头技术解析	B站、抖音
30~45岁家庭用户	亲子秋游场景联想	快手、微信朋友圈

四、发布执行步骤

1.视频预处理

● 多版本导出：分别导出竖屏（9:16）和横屏（16:9）版本，适配不同平台。

● 文字层叠加：在抖音版本右下角添加动态文字"左滑主页→秋日旅行全攻略"。

● 音乐备案：准备两版BGM（如平台曲库无版权音乐，替换为《Windy Hill》钢琴版）。

2.文案与标签模板

markdown

小红书示例

标题：闭上眼，感受10秒的秋日慢镜头

正文：当镜头以0.5倍速旋转，连落叶都学会跳舞了…秋日旅记 手机拍出电影感 治愈系风景 → 收藏夹已更新「城市2小时秋游圈」攻略

抖音示例

文案：嘘——这是树林对天空说的悄悄话。秋天必做的100件小事 @抖音旅行

标签：视觉震撼 解压助眠 延时摄影

B站示例

简介：Premiere关键帧参数解析见评论区，完整秋日旅拍教程下期见！(附工程文件)

3.数据优化动作

● 冷启动助推：在抖音/快手的"DOU+"或"粉丝加热"中投放100元，定向"旅行/摄影兴趣人群"。

● 评论区引导：发布后1小时内用小号提问"求拍摄机位！"并回复"北京奥森/杭州九溪实测出片"。

● 跨平台引流：在抖音简介添加小红书账号ID，微信朋友圈发布时标注"完整版在视频号"。

五、风险控制与备案

1. 版权规避：使用Premiere自带的Adobe Stock无版权音乐，或替换为Free Music Archive素材。

2. 敏感内容预警：避免出现明火、帐篷等可能触发"露营安全"审核关键词的画面。

3. 备选标题库：准备《秋日眩晕综合征》《0.5倍速的森林呼吸》等差异化标题应对初期流量低迷。

六、效果评估指标

平台	核心指标	达标参考值
抖音/快手	完播率＞85%，点赞率＞5%	自然流量突破1万播放
小红书	收藏率＞10%，涨粉＞50人	进入"秋日旅行"关键词前20
微信视频号	转发量＞200，公众号导流＞30人	关联商品链接点击量50+

通过以上方案，可实现自然流量与精准受众触达的平衡，建议优先执行国内平台组合（抖音+小红书+视频号），48小时内根据数据表现调整资源倾斜。

参考生成内容，制定合适的发布方案。

至此，完成短视频标题文字的制作。

4.4 知识拓展

Q：什么是字幕安全区域？

A：在Premiere软件监视器面板中，用户可以单击"安全边距" ▣ 按钮显示字幕安全区域，即外部的动作安全边距和内部的字幕安全边距。该区域主要是针对在广播电视上播放观看短视频而言的。其中，动作安全边距显示了90%的可视区域，重要的短视频内容需要放置在该区域之内；字幕安全边距则确定了文字字幕的区域范围，超出该区域的文字可能看不到。

Q：怎么制作书写文字效果？

A：在Premiere软件中，用户可以通过"书写"视频效果实现书写文字的目的。要注意的是，使用该视频效果需要先对文字素材进行嵌套，以减少运算量，避免软件崩溃。

Q：如何替换项目中的字体？

A：在Premiere软件中，用户可以同时更新所有字体来替换现有的字体，而不用选中具体的文字图层。执行"图形>替换项目中的字体"命令，打开"替换项目中的字体"对话框，从中选择要替换的字体，并在"替换字体"下拉列表框中选择新的字体后单击"确定"按钮即可。要注意的是，该命令将替换所有序列和所有打开项目中选定字体的所有实例，而不是只替换一个图形中的所有图层字体。

Q：如何将描边连接处设置为圆角连接？

A：在"基本图形"面板中选中图层并切换至"编辑"选项卡，单击"外观"参数右侧的"图形属性" ▨ 按钮，可打开"图形属性"对话框对描边样式参数进行设置。其中，"线段连接"可将线段设置为斜接、圆和斜切；"线段端点"用于设置线段的端点样式，包括平头、圆形和方形3种；"斜接限制"则定义在斜接连接变成斜切之前的最大斜接长度，默认斜接限制为2.5。

第5章
短视频音频处理

声音对短视频的影响极大，它与画面共同构建出一个完整的视听世界。Premiere 软件不仅可以添加音频素材，还可以通过内置的音频效果、关键帧等处理音频，创造出丰富完整的听觉世界。本章将重点介绍短视频音频处理的操作。

5.1 音频效果的应用

音频是短视频中至关重要的元素，它与视觉内容相辅相成，可以极大程度地增强短视频的表达力和吸引力。用户可以通过Premiere内置的音频效果处理音频，满足自己的需要。

5.1.1 "振幅与压限"音频效果

"振幅与压限"音频效果组包括10种音频效果，可以对音频的振幅进行处理，避免出现较低或较高的声音。

1. 动态

"动态"音频效果可以控制一定范围内音频信号的增强或减弱。

添加该音频效果后，在"效果控件"面板中单击"编辑"按钮，打开"剪辑效果编辑器-动态"面板进行设置，如图5-1所示。该效果包括4个部分：自动门、压缩程序、扩展器和限幅器。其中各选项功能介绍如下。

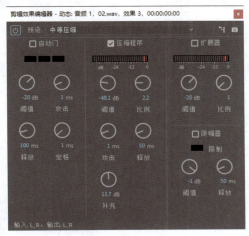

图 5-1

● 自动门：用于删除低于特定振幅阈值的噪声。其中，"阈值"参数可以设置指定效果器的上限或下限值；"攻击"参数可以指定检测到达到阈值的信号多久启动效果器；"释放"参数可以设置指定效果器的工作时间；"定格"参数则可以设置保持时间。

● 压缩程序：用于衰减超过特定阈值的音频来减小音频信号的动态范围。其中，"攻击"和"释放"参数更改临时行为时，"比例"参数可以控制动态范围中的更改；"补充"参数可以补偿增加音频电平。

● 扩展器：用于衰减低于指定阈值的音频来加大音频信号的动态范围。"比例"参数可以控制动态范围的更改。

● 限幅器：用于衰减超过指定阈值的音频。当信号受到限制时，表 LED 会亮起。

2. 动态处理

"动态处理"音频效果可用作压缩器、限幅器或扩展器。用作压缩器和限制器时，该效果可减小动态范围，产生一致的音量。用作扩展器时，它通过减小低电平信号的电平来加大动态范围。

添加该音频效果后，在"效果控件"面板中单击"编辑"按钮，打开"剪辑效果编辑器-动态处理"面板进行设置，其中包括"动态"和"设置"两个选项卡，如图5-2、图5-3所示。

"预设"下拉列表中包括多种效果。用户可以直接选择，也可以在"动态"选项卡中通过调整图形处理音频。在"设置"选项卡中，用户可以对音频进行全面准确的设置，也可以对特定频率范围的音频进行处理。

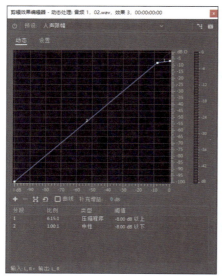

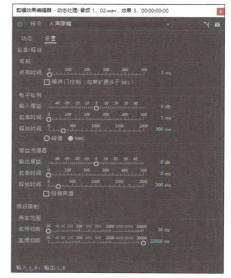

图 5-2   图 5-3

3. 单频段压缩器

"单频段压缩器"音频效果可减小动态范围，从而产生一致的音量并提高感知响度。该效果常作用于画外音，以便在音乐音轨和背景音频中凸显语音。

4. 增幅

"增幅"音频效果可增强或减弱音频信号。该效果实时起效，用户可以结合其他音频效果一起使用。

5. 多频段压缩器

"多频段压缩器"音频效果可单独压缩4种不同的频段，每个频段通常包含唯一的动态内容，常用于处理音频母带。

添加该音频效果后，在"效果控件"面板中单击"编辑"按钮，打开"剪辑效果编辑器-多频段压缩器"面板进行设置，如图5-4所示。其中部分选项功能介绍如下。

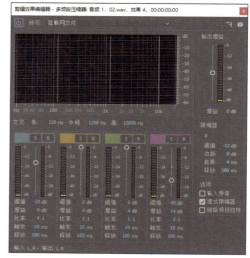

图 5-4

● 独奏 S ：单击该按钮，将只能听到当前频段。

● 阈值：用于设置启用压缩的输入电平。若想压缩极端峰值并保留更大动态范围，阈值需低于峰值输入电平5dB左右；若想高度压缩音频并大幅减小动态范围，阈值需低于峰值输入电平15dB左右。

● 增益：用于在压缩之后增强或消减振幅。

● 输出增益：用于在压缩之后增强或消减整体输出电平。

● 限幅器：用于输出增益后在信号路径的末尾应用限制，优化整体电平。

● 输入频谱：勾选该复选框，将在多频段图形中显示输入信号的频谱，而不是输出信号的频谱。

● 墙式限幅器：勾选该复选框，将在当前边距设置应用即时强制限幅。

● 链路频段控件：勾选该复选框，将全局调整所有频段的压缩设置，同时保留各频段间的相对差异。

6. 强制限幅

"强制限幅"音频效果可以减弱高于指定阈值的音频。该效果可提高整体音量，同时避免扭曲。

7. 消除齿音

"消除齿音"音频效果可去除齿音和其他高频"嘶嘶"类型的声音。

8. 电子管建模压缩器

"电子管建模压缩器"音频效果可添加使音频增色的微妙扭曲，模拟复古硬件压缩器的温暖感觉。

9. 通道混合器

"通道混合器"音频效果可以改变立体声或环绕声道的平衡。

10. 通道音量

"通道音量"音频效果可以独立控制立体声、5.1声道和轨道中每条声道的音量。

5.1.2 "延迟与回声"音频效果

"延迟与回声"音频效果组包括3种音频效果，可以通过延迟制作回声的效果，使声音更加饱满、有层次。

1. 多功能延迟

"多功能延迟"音频效果可以制作延迟音效的回声效果，适用于5.1声道、立体声和单声道剪辑。添加该效果后，用户可以在"效果控件"面板中设置（最多）4个回声效果。

2. 延迟

"延迟"音频效果可以制作指定时间后播放的回声效果，生成单一回声，其对应的选项如图5-5所示。35毫秒或更长时间的延迟可产生不连续的回声，而15~34毫秒的延迟可产生简单的和声或镶边效果。

3. 模拟延迟

"模拟延迟"音频效果可模拟老式延迟装置的温暖声音特性，制作缓慢的回声效果。

添加该效果后，在"效果控件"面板中单击"编辑"按钮，打开"剪辑效果编辑器-模拟延迟"面板，如图5-6所示。

其中部分选项功能介绍如下。

图 5-5

图 5-6

- 预设：该下拉列表中包括多种软件预设的效果，用户可以直接选择进行应用。
- 干输出：用于确定原始未处理音频的电平。
- 湿输出：用于确定延迟的、经过处理的音频的电平。
- 延迟：用于设置延迟的长度。
- 反馈：用于通过延迟线重新发送延迟的音频来创建重复回声。数值越高，回声强度增长越快。
- 劣音：用于增加扭曲并提高低频，增加温暖度的效果。

"滤波器和EQ"音频效果组包括14种音频效果,可以过滤掉音频中的某些频率,得到更加纯净的音频。

1. FFT 滤波器

"FFT滤波器"音频效果可以轻松绘制用于抑制或增强特定频率的曲线或陷波。

2. 低通

"低通"音频效果可以消除高于指定频率界限的频率,使音频产生浑厚的低音音场效果。添加该效果后,在"效果控件"面板中设置"切断"参数即可,如图5-7所示。

3. 低音

"低音"音频效果可以增大或减小低频(200Hz及以下),适用于5.1声道、立体声和单声道剪辑。

4. 参数均衡器

"参数均衡器"音频效果可以最大程度地控制音调均衡。添加该效果后,在"效果控件"面板中单击"编辑"按钮,打开"剪辑效果编辑器-参数均衡器"面板,可设置音频的频率、增益、Q/宽度等,如图5-8所示。

图 5-7

图 5-8

5. 图形均衡器(10 段)/(20 段)/(30 段)

"图形均衡器"音频效果可以增强或消减特定频段,并直观地表示生成的EQ曲线。在使用时,用户可以选择不同频段的"图形均衡器"音频效果进行添加。其中,"图形均衡器(10段)"音频效果频段最少,调整最快;"图形均衡器(30段)"音频效果频段最多,调整最精细。

6. 带通

"带通"音频效果移除在指定范围外发生的频率或频段,其选项如图5-9所示。其中,Q表示提升或者衰减的频率范围。

7. 科学滤波器

"科学滤波器"音频效果对音频进行高级操作。添加该效果后,在"效果控件"面板中单击"编辑"按钮,打开"剪辑效果编辑器-科学滤波器"面板,如图5-10所示。

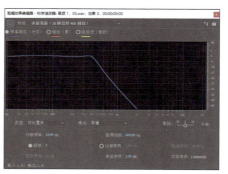

图 5-9

图 5-10

其中部分选项功能介绍如下。

● 预设：用于选择软件自带的预设进行应用。

● 类型：用于设置科学滤波器的类型，包括"贝塞尔""巴特沃斯""切比雪夫""椭圆"4种类型。

● 模式：用于设置滤波器的模式，包括"低通""高通""带通""带阻"4种模式。

● 增益：用于调整音频整体音量级别，避免产生太响亮或太柔和的音频。

8. 简单的参数均衡

"简单的参数均衡"音频效果可以在一定范围内均衡音调。添加该效果后，用户可以在"效果控件"面板中设置位于指定范围中心的频率、要保留频段的宽度等参数。

9. 简单的陷波滤波器

"简单的陷波滤波器"音频效果可以阻碍频率信号。

10. 陷波滤波器

"陷波滤波器"音频效果可以去除最多6个设定的音频频段，且保持周围频率不变。添加该效果后，在"效果控件"面板中单击"编辑"按钮，打开"剪辑效果编辑器-陷波滤波器"面板，可设置每个陷波的频率、增益等参数，如图5-11所示。

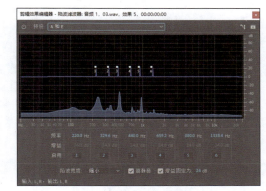

图 5-11

11. 高通

"高通"音频效果与"低通"音频效果作用相反。该效果可以消除低于指定频率界限的频率，适用于5.1声道、立体声和单声道剪辑。

12. 高音

"高音"音频效果可以增高或降低高频（4000Hz及以上），适用于5.1声道、立体声和单声道剪辑。

5.1.4 "调制"音频效果

"调制"音频效果组包括3种音频效果，可以通过混合音频效果或移动音频信号的相位来改变声音。

1. 和声/镶边

"和声/镶边"音频效果可以模拟多个音频的混合效果，增强人声音轨或为单声道音频添加立体声空间感。添加该效果后，在"效果控件"面板中单击"编辑"按钮，打开"剪辑效果编辑器-和声/镶边"面板，如图5-12所示。

其中部分选项功能介绍如下。

● 模式：用于设置模式，包括"和声"和"镶边"2个选项。"和声"可以模拟同时播放多个语音或乐器的效果；"镶边"可以模拟最初在打击乐中听到的延迟相移声音。

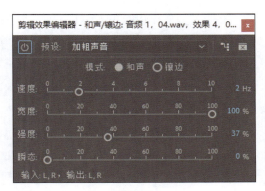

图 5-12

● 速度：用于控制延迟时间循环从零到最大设置的速率。

● 宽度：用于指定最大延迟量。

● 强度：用于控制原始音频与处理后音频的比率。

● 瞬态：强调瞬时，提供更锐利、更清晰的声音。

2. 移相器

"移相器"音频效果类似于镶边。该效果可以移动音频信号的相位，并将其与原始信号重新合并，制作出20世纪60年代音乐家推广的打击乐效果。与镶边不同的是，"移相器"音频效果会以上限频率为起点/终点扫描一系列相移滤波器。相位调整可以显著改变立体声声像，创造超自然的声音。

3. 镶边

"镶边"音频效果可以将原始音频信号与一个略微延迟并快速变化延迟时间的副本混合在一起，创造出一种深度和空间感的变化，以及具有周期性颤音的声音特征，多用于增强音乐、电影或游戏中声音的动态表现力和艺术效果。

5.1.5 "降杂/恢复"音频效果

"降杂/恢复"音频效果组包括4种音频效果，用于去除音频中的杂音，使音频更加纯净。

1. 减少混响

"减少混响"音频效果可以消除混响曲线并辅助调整混响量。

2. 消除嗡嗡声

"消除嗡嗡声"音频效果可以去除窄频段及其谐波，常用于处理照明设备和电子设备电线发出的嗡嗡声。

3. 自动咔嗒声移除

"自动咔嗒声移除"音频效果可以去除音频中的咔嗒声音或静电噪声。

4. 降噪

"降噪"音频效果可以降低或完全去除音频文件中的噪声。

5.1.6 "混响"音频效果

"混响"音频效果组包括3种音频效果，可以为音频添加混响，模拟声音反射的效果。

1. 卷积混响

"卷积混响"音频效果可以基于卷积的混响使用脉冲文件模拟声学空间，使之如同在原始环境中录制一般真实。添加该效果后，在"效果控件"面板中单击"编辑"按钮，打开"剪辑效果编辑器-卷积混响"面板，如图5-13所示。

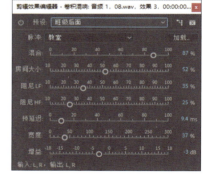

其中部分选项功能介绍如下。

● 预设：该下拉列表中包括多种预设效果。用户可以直接选择进行应用。

● 脉冲：用于指定模拟声学空间的文件。单击"加载"按钮，可以添加自定义的脉冲文件。

图 5-13

● 混合：用于设置原始声音与混响声音的比率。

● 房间大小：用于设置由脉冲文件定义的完整空间的百分比。数值越高，混响越长。

● 阻尼LF：用于减少混响中的低频重低音分量，避免模糊，产生更清晰的声音。

● 阻尼HF：用于减少混响中的高频瞬时分量，避免刺耳声音，产生更温暖、更生动的声音。

● 预延迟：用于确定混响形成最大振幅所需的毫秒数。数值较低时，声音比较自然；数值较高时，可产生有趣的特殊效果。

2. 室内混响

"室内混响"音频效果可以模拟室内空间演奏音频的效果。用户可以在多轨编辑器中快速有效地实时更改，无须对音轨预渲染效果。

3. 环绕声混响

"环绕声混响"音频效果可模拟声音在室内声学空间中的效果和氛围,常用于5.1声道,也可为单声道或立体声提供环绕声环境。

5.1.7 "特殊效果"音频效果

"特殊效果"音频效果组包括12种音频效果,常用于制作一些特殊的效果,如交换左右声道、模拟汽车音箱爆裂声音等。

1. Binauralizer-Ambisonics

"Binauralizer-Ambisonics"音频效果仅适用于5.1声道剪辑。该效果可以与全景视频相结合,创造出身临其境的效果。

2. Loudness Radar

"Loudness Radar"音频效果可以测量剪辑、轨道或序列中的音频级别,帮助用户控制声音的音量,以满足广播电视要求。添加该效果后,在"效果控件"面板中单击"编辑"按钮,打开"剪辑效果编辑器- Loudness Radar"面板,如图5-14所示。在该面板中,播放声音时若出现较多黄色区域,表示音量偏高;仅出现蓝色区域,则表示音量偏低。一般来说,需要将响度保持在雷达的绿色区域,才可满足要求。

3. Panner-Ambisonics

"Panner-Ambisonics"音频效果仅适用于5.1声道,一般与一些沉浸式视频效果同时使用。

4. 互换声道

"互换声道"音频效果仅适用于立体声剪辑,可用于交换左右声道信息的位置。

5. 人声增强

"人声增强"音频效果可以增强人声,改善旁白录音质量。

6. 反转

"反转"音频效果可以反转所有声道的相位,适用于5.1声道、立体声和单声道剪辑。

7. 吉他套件

"吉他套件"音频效果将应用一系列可以优化和改变吉他音轨声音的处理器,模拟吉他弹奏的效果,使音频更具表现力。添加该效果后,在"效果控件"面板中单击"编辑"按钮,打开"剪辑效果编辑器-吉他套件"面板,如图5-15所示。

图 5-14

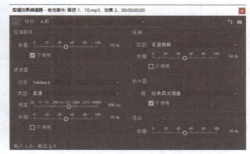

图 5-15

其中部分选项功能介绍如下。

- 压缩程序：用于减小动态范围以保持一致的振幅，并帮助在混合音频中突出吉他音轨。
- 扭曲：用于增加可经常在吉他独奏中听到的声音边缘。
- 放大器：用于模拟吉他手用来创造独特音调的各种放大器和扬声器组合。

8. 响度计

"响度计"音频效果可以直观地为整个混音、单个音轨或总音轨和子混音测量项目响度。要注意的是，响度计不会更改音频电平，它仅提供响度的精确测量值，以便用户更改音频响度级别。

9. 扭曲

"扭曲"音频效果可以将少量砾石和饱和效果应用于任何音频，从而模拟汽车音箱的爆裂效果、压抑的麦克风效果或过载放大器效果。

10. 母带处理

"母带处理"音频效果可以优化特定介质音频文件的完整过程。

11. 用右侧填充左侧

"用右侧填充左侧"音频效果可以复制音频剪辑的左声道信息，并将其放置在右声道中，丢弃原始剪辑的右声道信息。

12. 用左侧填充右侧

"用左侧填充右侧"音频效果可以复制音频剪辑的右声道信息，并将其放置在左声道中，丢弃原始剪辑的左声道信息。

5.1.8 "立体声声像"音频效果

"立体声声像"音频效果组仅包括"立体声扩展器"一种音频效果，可以调整立体声声像，控制其动态范围。

5.1.9 "时间与变调"音频效果

"时间与变调"音频效果组仅包括"音高换挡器"一种音频效果，可以实时改变音调。

5.1.10 其他音频效果

除了以上9组音频效果外，软件还包括3个独立的音频效果：余额、静音和音量。
- "余额"音频效果用于平衡左右声道的相对音量。
- "静音"音频效果用于消除声音。
- "音量"音频效果用于使用音量效果代替固定音量效果。

5.1.11 实操案例：短视频音频降噪

音频在短视频中起着至关重要的作用。用户可以通过软件处理音频，使其满足制作需要。下面结合不同的音频效果，为短视频音频降噪。

> 实例：短视频音频降噪
> 素材位置：配套资源＼第5章＼实操案例＼素材＼唱歌.mp3
> 实例效果：配套资源＼第5章＼实操案例＼效果＼降噪.mp3

Step01：新建项目，导入本案例素材文件，并将其拖曳至"时间轴"面板中，软件将根据素材自动创建序列，如图5-16所示。

Step02：在"效果"面板中搜索"降噪"音频效果，将其拖曳至A1轨道的素材上，在"效果控件"面板中单击"编辑"按钮，打开"剪辑效果编辑器-降噪"面板，在"预设"下拉列表中选择"弱降噪"选项，如图5-17所示。

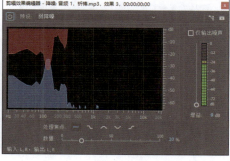

图 5-16   图 5-17

Step03：关闭"剪辑效果编辑器-降噪"面板，在"效果"面板中搜索"图形均衡器（10段）"音频效果，将其拖曳至A1轨道的素材上，在"效果控件"面板中单击"编辑"按钮，打开"剪辑效果编辑器-图形均衡器（10段）"面板，在"预设"下拉列表中选择"音乐临场感"选项，如图5-18所示。

Step04：关闭"剪辑效果编辑器-图形均衡器（10段）"面板，在"效果"面板中搜索"参数均衡器"音频效果，将其拖曳至A1轨道的素材上，在"效果控件"面板中单击"编辑"按钮，打开"剪辑效果编辑器-参数均衡器"面板，在"预设"下拉列表中选择"人声增强"选项，如图5-19所示。

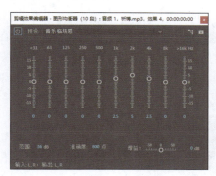

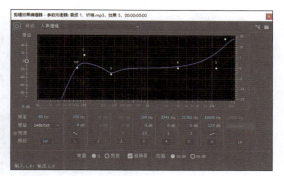

图 5-18   图 5-19

至此，完成短视频音频的降噪。移动播放指示器至起始位置，按空格键播放即可。

5.2 音频的编辑

除了应用内置的音频效果外，用户还可以通过音频关键帧制作音频变化的效果、通过音频过渡效果制作音频缓入缓出的效果等。

5.2.1 音频关键帧

音频关键帧可以精确控制音频剪辑的各项属性随时间的变化。用户可以在"时间轴"面板或"效果控件"面板中添加音频关键帧。

1. 在"时间轴"面板中添加音频关键帧

在"时间轴"面板中添加音频关键帧，需先双击音频轨道前的空白处将其展开，如图5-20所示。再次双击此处可折叠音频轨道。

在展开的音频轨道上单击"添加-移除关键帧"█按钮，可以添加或删除音频关键帧。添加音频关键帧后，可通过"选择工具"▶移动其位置，从而改变音频效果，如图5-21所示。

图 5-20　　　　　　　　　　　　　　　　　图 5-21

图 5-22

2. 在"效果控件"面板中添加音频关键帧

　　在"效果控件"面板中添加音频关键帧的方式与创建视频关键帧的方式类似。

　　选中"时间轴"面板中的音频素材后，在"效果控件"面板中单击"级别"参数左侧的"切换动画" ⏱ 按钮，可以在播放指示器当前位置添加关键帧，移动播放指示器，调整参数或单击"添加/移除关键帧" ◆ 按钮，可继续添加关键帧，如图5-23所示。单独设置"左侧"或"右侧"参数的关键帧，可以制作出特殊的左右声道效果。

图 5-23

5.2.2　音频持续时间

　　在处理音频素材时，常常需要设置其持续时间与视频轨道上的素材相匹配，以保证影片品质。用户可以在"项目"面板、"源监视器"面板或"时间轴"面板中对音频持续时间进行设置。

　　选中音频素材，单击鼠标右键，在弹出的快捷菜单中执行"速度/持续时间"命令，打开"剪辑速度/持续时间"对话框，在其中设置参数可以调整音视频素材的持续时间，如图5-24所示。需要注意的是，在"项目"面板中调整音频播放速度后，"时间轴"面板中的素材不受影响，需要重新将素材导入"时间轴"面板中。

图 5-24

编辑>序列"命令进行进一步的设置即可。

　　重新混合后，用户可以将音频再次导回至Premiere项目中。在Audition中选中调整后的音频轨道，执行"多轨>导出到Adobe Premiere Pro（X）"命令，根据向导完成操作。

5.2.3 音频过渡效果

　　音频过渡效果可以平滑音频剪辑之间的连接点，避免突然的音量变化。软件包括3种音频过渡效果："恒定功率""恒定增益""指数淡化"。这些音频效果均可制作音频交叉淡化的效果。

　　● 恒定功率：该音频过渡效果可以创建类似于视频剪辑之间的溶解过渡效果的平滑渐变过渡。应用该音频过渡效果首先会缓慢降低第一个剪辑的音频，然后会快速接近过渡的末端。对于第二个剪辑，此交叉淡化首先快速增加音频，然后更缓慢地接近过渡的末端。

　　● 恒定增益：该音频过渡效果在剪辑之间过渡时，将以恒定速率更改音频进出，但听起来会比较生硬。

　　● 指数淡化：该音频过渡效果淡出位于平滑的对数曲线上方的第一个剪辑，同时自下而上淡入同样位于平滑对数曲线上方的第二个剪辑。从"对齐"控件菜单中选择一个选项，可以指定过渡的定位。

　　添加音频过渡效果后，选择"时间轴"面板中添加的过渡效果，在"效果控件"面板中可以设置持续时间、对齐等参数。

5.2.4 AIGC 实操案例：为短视频配乐

　　对于大部分影视作品来说，带有声音的影片总是格外吸引人。本小节将结合音频的相关知识，介绍短视频配乐的添加与调整。

实例：为短视频配乐 素材位置：配套资源\第5章\实操案例\素材\"配乐"文件夹 实例效果：配套资源\第5章\实操案例\效果\配乐.mp4

1. DeepSeek 配乐推荐

　　通过DeepSeek可以为短视频内容提供合适的配乐建议。以本案例为例，在DeepSeek对话框中输入以下内容。

　　提问：请为以下短视频提供背景音乐风格建议：短视频内容为短视频开头为逐渐清晰的雪人背景，背景上逐渐出现文字。请确保建议的背景音乐风格与视频的主题和氛围相协调。

　　内容生成如下。

　　针对这个短视频的视觉呈现和氛围特点，以下是经过影视配乐逻辑优化的背景音乐风格建议：

　　1. 极简主义钢琴（Minimalist Piano）

　　● 推荐理由：单音旋律与稀疏和弦能精准匹配画面渐显的呼吸感

　　● 关键特征：建议选用带有琴弦共鸣声的实录钢琴音色，保持每分钟60~70拍的中慢速节奏

　　● 适配场景：前15秒可使用单个高音区音符延音，配合雪景渐显时逐步加入低八度重复音型

　　2. 北欧氛围电子（Nordic Ambient Electronic）

　　● 声音设计：融合冰晶质感的合成器pad音色+驯鹿铃采样

　　● 动态处理：建议做自动化低频过滤（Low-pass Filter）处理，从初始20%开度逐渐开放至80%

● 空间感：添加30%混响量+10%延迟，营造雪原空旷感

3. 新古典弦乐（Neo-classical Strings）

● 编制方案：小提琴群奏泛音+大提琴持续音支撑

● 演奏技法：初始使用sul ponticello（近琴桥演奏）制造冰冷质感，随画面清晰过渡到常规奏法

● 和声走向：推荐使用挂留和弦（Csus2→Gsus4）营造未解决的和声期待感

4. 冬季音景（Winter Soundscape）

● 环境采样：建议分层使用：

① 底层：经降噪处理的自然雪原风声（−12dB）

② 中层：微观雪花结晶声（8~12kHz高频增强）

③ 上层：间歇性松枝落雪声（随机间隔4~7秒）

5. 数字拟真管风琴（Digital Pipe Organ Emulation）

● 音色选择：避免传统教堂音栓组合，推荐使用纯Principal 8'+ Nasard 2 2/3'的巴洛克配置

● 演奏模式：采用模块化渐强方式，每个乐句递增1个声部

● 频率控制：须严格限制低频在120Hz以下防止浑浊

技术实现建议：

1. 音乐动态曲线应与视觉透明度变化同步，建议在非线性编辑软件中绑定透明度参数与音轨增益。

2. 文字出现时刻（预估第3~5秒）可加入0.3秒的Glitch效果（比特率降至8bit）制造数字雪花的听觉联想。

3. 整体混音需保持动态范围在DR12以上，峰值电平控制在−3dBFS，为后期预留空间。

附加提示：若视频含色彩变化（如雪景从冷调转向暖阳），建议音乐同步进行频谱迁移（高频衰减500Hz/秒，低频增强6dB/octave）

参考生成内容，生成或收集匹配的音乐，进行后续的应用。

2. Premiere 视频制作

Step01：打开本章素材文件"为短视频配乐素材.prproj"，在"节目"监视器面板中预览效果，如图5-25所示。

Step02：在"项目"面板中选中"打字.mp3"素材，拖曳至"时间轴"面板的A1轨道中，如图5-26所示。

图 5-25   图 5-26

Step03：移动播放指示器至00:00:01:00处，使用"剃刀工具" 在A1轨道中的播放指示器处单击剪切音频素材，移动播放指示器至00:00:04:00处，使用"剃刀工具" 在A1轨道中的播放指示器处单击剪切音频素材，删除A1轨道中的第1段和第3段素材，如图5-27所示。

Step04：在"项目"面板中选中"伴奏.mp3"素材，拖曳至"时间轴"面板的A2轨道中，如图5-28所示。

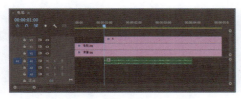

| 图 5-27 | 图 5-28 |

Step05：移动播放指示器至00:00:03:01处，使用"剃刀工具" 在A2轨道中的播放指示器处单击剪切音频素材，选中A2轨道中的第1段音频素材，按Delete键删除，并移动第2段素材至起始处，如图5-29所示。

Step06：移动播放指示器至00:00:05:00处，使用"剃刀工具" 在A2轨道中的播放指示器处单击剪切音频素材，并删除右半部分音频素材，如图5-30所示。

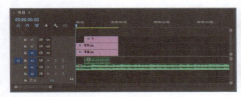

| 图 5-29 | 图 5-30 |

Step07：选中A2轨道中的音频素材，在"效果控件"面板中设置其"音量"效果的"级别"参数为−10dB，如图5-31所示。

Step08：在"效果"面板中搜索"指数淡化"音频过渡效果，拖曳至A2轨道素材起始处，搜索"恒定增益"音频过渡效果，拖曳至A2轨道素材末端，如图5-32所示。

| 图 5-31 | 图 5-32 |

至此，完成短视频配乐的添加。移动播放指示器至起始位置，按空格键播放即可。

5.3 AIGC 案例实战：夏日午后短视频

音频配合视频可以带给观众完美的视听体验，使观众对视频的内容更加深刻。下面结合音频相关知识和视频相关知识，通过DeepSeek、即梦AI及Premiere介绍如何制作夏日午后短视频。

实例：夏日午后短视频
素材位置：配套资源＼第5章＼案例实战＼素材＼小巷.mp4、配乐.wav
实例效果：配套资源＼第5章＼案例实战＼效果＼夏日午后.mp4

1. DeepSeek 配乐建议

通过DeepSeek提供配乐建议，在DeepSeek对话框中输入以下内容。

提问：请为以下场景提供合适的配乐建议。

场景描述：运镜为向前推移，镜头内容为夏日午后的小巷，有微风，树影摇动。

要求：

1.配乐建议需与场景氛围和情感氛围相契合，能够顺利传达出夏日午后的小巷的宁静与舒适。

2. 请考虑使用即梦AI或其他AI软件生成音乐，确保音乐的原创性和多样性。

3. 配乐建议应具有一定的创意和独特性，以避免过于常见或重复的旋律。

4. 在回复中，请直接给出配乐的选择，无须其他解释或说明。

内容生成如下。

AI生成配乐方案

1.《叶隙微光》

● 即梦AI预设：Ambient Folk + Binaural Wind

● 参数：Lydian调式/68BPM/竖琴泛音+风动粒子合成器

2.《浮影编码》

● Riffusion生成功效：Piano Roll算法+环境声纹转换

● 特征：动态树影拟态旋律（ASMR树叶采样→MIDI音高映射）

3.《蝉时解构》

● AIVA定制模板：Deconstructed Chopin

● 架构：钢琴残响切片 + 电子纱幔（Hi-hats→白噪化处理）

4.《巷脉呼吸》

● Amper生成标识码：SUMMER_ALLEY_04

● 声谱特性：亚低频巷道共鸣 + 离散式风铃触发（每7秒随机相位）

5.《光斑协奏》

● Ecrett Music场景配方：

「斑驳感」滑块82% +「流体旋律」强度
MAX

乐器组：玻璃水琴/微分音竖笛/延迟吉他（3/5拍循环）

根据生成内容，在即梦AI中生成音乐，
如图5-33所示。下载音乐以便后续应用。

图 5-33

2. Premiere 视频制作

Step01：新建项目，导入本章素材文件，如图5-34所示。

Step02：将视频素材拖曳至"时间轴"面板中，软件将根据素材自动创建序列，如图
5-35所示。

图 5-34

图 5-35

Step03：将音频素材拖曳至"时间轴"面板的A1轨道中，如图5-36所示。

Step04：移动播放指示器至00:00:14:03处，使用剃刀工具裁切音频素材，并删除右侧部
分，如图5-37所示。

Step05：选中A1轨道中的音频素材，单击鼠标右键，在弹出的快捷菜单中执行"速度/
持续时间"命令，打开"剪辑速度/持续时间"对话框，设置持续时间与V1轨道素材一致，
如图5-38所示。完成后单击"确定"按钮，效果如图5-39所示。

图 5-36   图 5-37

图 5-38   图 5-39

Step06：选中A1轨道中的音频素材，单击鼠标右键，在弹出的快捷菜单中执行"音频增益"命令，打开"音频增益"对话框，设置参数，如图5-40所示。完成后单击"确定"按钮。

Step07：在"效果"面板中搜索"恒定功率"音频过渡效果，拖曳至AI轨道音频的出点处，如图5-41所示。

图 5-40   图 5-41

Step08：按空格键预览播放，效果如图5-42所示。

图 5-42

至此，完成夏日午后短视频的制作。

5.4 知识拓展

Q：Premiere Pro支持导入哪些类型的音频？

A：Premiere Pro支持几乎所有常见音频格式的导入，包括但不限于WAV、AIFF、MP3、AAC、FLAC等格式，同时也支持直接导入视频文件中的内嵌音频轨道。

Q：在Premiere软件中，5.1声道包含哪些声道？

A：3条前置音频声道（左声道、中置声道、右声道）；两条后置或环绕音频声道（左声道和右声道）；通向低音炮扬声器的低频效果（LFE）音频声道。

Q：如何查看音频数据？

A：Premiere为相同音频数据提供了多个视图。将轨道显示设置为"显示轨道关键帧"或"显示轨道音量"，可以在音频轨道混合器或"时间轴"面板中查看和编辑轨道或剪辑的音量或效果值。其中，"时间轴"面板中的音轨包含波形，其为剪辑音频和时间之间关系的可视化表示形式。波形的高度显示音频的振幅（响度或静音程度），波形越大，音频音量越高。

Q：播放音频素材时，"音频仪表"面板中有时会显示红色，为什么？

A：将音频素材插入"时间轴"面板中后，在"音频仪表"面板中可以观察到音量变化，播放音频素材时，"音频仪表"面板中的两个柱状将随音量变化而变化，若音频音量超出安全范围，则柱状顶端将显示红色。用户可以通过调整音频增益，降低音量来避免这一情况发生。

Q：怎么使轨道独奏？

A：单击"时间轴"面板中的"独奏轨道" S 按钮可以使其他轨道静音；单击"时间轴"面板中的"静音轨道" M 按钮可以临时使轨道静音。

Q：怎么制作人声规避效果？

A：通过"基本图形"面板制作。在"基本图形"面板中将人声定义为对话，将伴奏定义为音乐，然后设置回避"对话"即可。

Q：什么是音频剪辑增益控制？

A：音频剪辑增益控制允许用户整体提升或降低音频剪辑的音量级别，而不改变其动态范围。与关键帧控制音量不同，增益是应用于整个剪辑的全局设置。

Q：如何同步视频和音频？

A：当视频和音频素材脱节时，可以通过Premiere Pro的"同步"功能自动或手动同步基于时间码、音视频波形匹配或标记点的方式对它们进行同步。

第6章

短视频动画制作

关键帧动画是非线性视频编辑软件实现动态调整和控制属性变化的关键技术。短视频编辑者可以通过该技术细致精准地控制视频的每一个细节，从而提升视频的整体质量。本章将对关键帧动画的知识进行介绍。

帧是影像动画中的最小单位。每一帧都是一幅静止的画面，在不同的时间点赋予帧特殊的状态，即为关键帧。Premiere软件会自动对关键帧之间的设置进行动画处理。本节将对关键帧的基础知识进行介绍。

6.1.1 什么是关键帧

关键帧是动画制作和视频编辑中用于定义变化过程中具有关键状态的帧，即用于记录在特定时间点上对象属性值发生改变的帧。图6-1所示为不透明度属性设置的关键帧，用户可以为两个关键帧设置不同的数值，制作渐隐或渐现的动态变化效果。

图 6-1

在短视频制作中，除了为属性值添加关键帧外，用户还可以为应用的视频特效添加关键帧，以制作出精细有趣的变化效果。

6.1.2 添加关键帧

添加关键帧有两种常用的方式："效果控件"面板和"节目监视器"面板。

1. 通过"效果控件"面板添加关键帧

在"时间轴"面板中选中素材文件，在"效果控件"面板中单击素材固定参数前的"切换动画"⏱按钮，即可为素材添加关键帧，如图6-2所示。

图 6-2

其中部分选项功能介绍如下。

● 位置：用于定义素材在"节目监视器"中的位置。默认位置为画面的中心位置。

● 缩放：用于设置素材缩放比例，范围在0~10000。取消勾选"等比缩放"复选框后，调整该选项将仅影响高度。

● 缩放宽度：取消勾选"等比缩放"复选框后，该选项可以调整宽度的缩放。

● 旋转：用于设置素材对象的旋转角度。正数代表顺时针方向旋转，负数代表逆时针方向旋转。

● 锚点：用于定义素材的旋转或移动中心。默认位置为素材的中心位置。图6-3和图6-4所示为不同锚点的缩放效果。

图 6-3   图 6-4

● 防闪烁滤镜：用于消除交错视频素材和高细节图像的闪烁。

● 时间重映射：用于调整素材的播放速度。

移动播放指示器，调整参数或单击"添加/移除关键帧" ⬤ 按钮，将继续添加关键帧，如图6-5所示。

图 6-5

2. 在"节目监视器"面板中添加关键帧

在"效果控件"面板中添加第一个关键帧后，移动鼠标指针至"节目监视器"面板中，选中添加关键帧的素材并双击，显现其控制框，调整播放指示器位置后，根据添加的关键帧属性进行对应的操作即可。图6-6、图6-7所示分别为在"节目监视器"面板中添加关键帧和其效果。

图 6-6   图 6-7

6.1.3 AIGC 实操案例：拍摄记忆短视频动态效果

关键帧在动画制作和影视编辑领域的应用非常广泛，用户可以通过关键帧制作动态效果。下面结合DeepSeek和Premiere制作具有镜头呼吸感的拍摄记忆短视频。

实例：拍摄记忆短视频动态效果
素材位置：配套资源＼第6章＼实操案例＼素材＼狗.mp4、拍摄.mp4
实例效果：配套资源＼第6章＼实操案例＼效果＼拍摄记忆.mp4

1. DeepSeek 创意方案

通过DeepSeek可以生成创意方案以供选择。以关键帧动态效果的制作方案为例，在DeepSeek对话框中输入以下内容。

提问：Premiere关键帧可以制作什么简单有趣的动态效果短视频？简要描述。

内容生成如下。

当然！Premiere 的关键帧玩法远不止于此，以下是 10 个进阶但依然简单有趣的效果，适合短视频快速提升创意。

1. 悬停放大效果

效果：鼠标悬停般的动态交互（如视频缩略图悬停放大）

操作：用「位置」关键帧轻微上移 +「缩放」放大 10% +「不透明度」闪烁

应用：作品集展示、产品功能介绍

2. 手写动画

效果：模拟手写文字逐渐出现

操作：用「裁剪」效果从左到右擦除文字遮罩 +「位置」关键帧模拟笔尖移动

应用：教程标注、手绘风格字幕

3. 光影流动

效果：光线扫过文字/物体表面

操作：用「线性擦除」或「渐变」效果 +「过渡完成」关键帧控制光线移动

应用：科技感标题、高光强调

4. 镜头呼吸感

效果：模拟手持相机轻微缩放抖动

操作：为「缩放」添加随机 ±2% 关键帧 +「位置」轻微偏移

应用：VLOG 生活片段、情绪化镜头

5. 动态光斑

效果：阳光/灯光在画面中闪烁移动

操作：用「镜头光晕」效果 +「光晕中心」关键帧滑动路径

应用：唯美旅拍、情绪氛围营造

6. 故障过渡

效果：画面撕裂式转场

操作：用「偏移」效果错位画面 +「RGB 曲线」分离颜色通道关键帧

应用：游戏视频、赛博朋克风格转场

7. 伪3D平移

效果：2D 图片模拟 3D 空间移动

操作：组合「缩放」（近大远小）+「位置」（横向移动）关键帧

应用：相册回忆视频、漫画分镜

8. 动态边框脉冲

效果：彩色边框周期性收缩扩展

操作：用「裁剪」效果控制边框宽度 +「缩放」关键帧制作呼吸感

应用：音乐卡点、高能片段提示

9. 颜色闪烁

效果：画面局部颜色高频切换

操作：用「颜色平衡」效果 + 快速切换 RGB 通道关键帧

应用：电音卡点、梦境幻觉场景

10. 动态分屏消失

效果：多画面像积木一样逐个飞散

操作：为每个分屏片段设置不同方向的「位置」+「旋转」飞出动画

应用：多任务展示、快节奏混剪

Bonus 隐藏技巧如下：

1. 镜像穿梭：用「镜像」效果＋「位置」关键帧制作无限循环隧道

2. 动态模糊文字：文字快速移动时叠加「残影」特效

3. 胶片颗粒渐现：用「杂色」效果＋「不透明度」关键帧模拟老电影开场

创意组合建议如下：

1. 节奏感：关键帧密度匹配背景音乐鼓点（如缩放/颜色随节奏变化）

2. 反差对比：快速运动后突然定格＋放大细节

3. 伪运镜：用关键帧缩放+位置模拟推拉摇移镜头

这些效果适合抖音特效、产品广告、混剪踩点，用最基础的属性关键帧（位置/缩放/旋转/不透明度）即可实现，快去试试吧！

参考生成内容，进行后续的制作。

2. Premiere 视频制作

Step01：新建项目和序列。按Ctrl+I组合键导入本章素材文件，如图6-8所示。

Step02：将"狗.mp4"素材拖曳至"时间轴"面板的V1轨道中，如图6-9所示。

图 6-8

图 6-9

Step03：在"效果"面板中搜索"Brightness & Contrast"（亮度与对比度）效果，拖曳至V1轨道素材上。移动播放指示器至00:00:00:00处，在"效果控件"面板中设置"位置"属性为"1008.0,567.0"，"缩放"属性为"105.0"，"亮度"属性为"23.0"，"对比度"属性为"12.0"，并单击"位置"属性左侧的"切换动画"按钮添加关键帧，如图6-10所示。

Step04：移动播放指示器至00:00:00:10处，更改"位置"属性为"960.0,518.0"，软件将自动添加关键帧，如图6-11所示。

图 6-10

图 6-11

Step05：使用相同的方法，每隔10帧调整一次位置，使素材产生轻微偏移，直至00:00:14:20处，如图6-12所示。

Step06：将"拍摄.mp4"素材拖曳至V2轨道，使用剃刀工具裁切并删除多余素材，使其与V1轨道素材持续时间一致，如图6-13所示。

Step07：移动播放指示器至00:00:00:00处。在"效果"面板中搜索"超级键"效果，拖曳至V2轨道素材上，在"效果控件"面板中使用"主要颜色"属性中的吸管工具吸取画面中的绿色，如图6-14所示。

Step08：效果如图6-15所示。

图 6-12

图 6-13

图 6-14

图 6-15

Step09：按Enter键渲染预览，效果如图6-16所示。

图 6-16

至此，完成具有镜头呼吸感的拍摄记忆短视频的制作。

6.2 管理关键帧

添加关键帧后，可以在"效果控件"面板中对关键帧进行移动、复制、删除等操作，以调整关键帧效果。

6.2.1 移动关键帧

创建关键帧后，在"效果控件"面板中选择关键帧，移动其位置，动画效果的变化速率也会随之变化。一般来说，在不考虑关键帧插值的情况下，关键帧间隔越大，变化越慢。图6-17和图6-18所示分别为在"效果控件"面板中移动关键帧前后的效果。

图 6-17

图 6-18

按住Shift键拖曳播放指示器可以自动贴合创建的关键帧，以便定位并重新设置关键帧属性参数。

6.2.2 复制关键帧

复制关键帧可以快速制作相同的效果。用户既可以将其粘贴在同一素材上，又可以将其粘贴在不同素材上。

1. 在同一素材上复制关键帧

选中"时间轴"面板中的素材文件，在"效果控件"面板中设置缩放关键帧，制作放大缩小的效果。选中缩放关键帧，按Ctrl+C组合键复制，移动播放指示器至合适位置，按Ctrl+V组合键粘贴关键帧即可。重复多次可制作出反复的动画效果。图6-19和图6-20所示分别为复制的关键帧及其效果。

图 6-19

图 6-20

除了使用组合键复制关键帧外，还可以在"效果控件"面板中选中关键帧后，按Alt键拖曳复制，或执行"编辑>复制"命令和"编辑>粘贴"命令进行复制。

2. 在不同素材上复制关键帧

若想为不同的素材添加相同的效果，则可以通过复制粘贴关键帧来实现。在不同的素材上复制粘贴关键帧的方法和在同一素材上复制粘贴关键帧的方法类似。

在"时间轴"面板中选中添加关键帧的素材，打开"效果控件"面板，选中关键帧，按Ctrl+C组合键复制，选中要添加关键帧的目标素材文件，在"效果控件"面板中调整播放指示器后，按Ctrl+V组合键粘贴即可。用户还可以调整播放指示器制作出交错变化的效果。图6-21和图6-22所示分别为复制的关键帧及其效果。

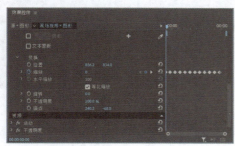

图 6-21

图 6-22

在不同素材之间，同样可以执行"编辑>复制"命令和"编辑>粘贴"命令进行复制粘贴。

6.2.3 删除关键帧

删除多余的关键帧有以下三种常用的方法。

1. 使用快捷键删除

删除关键帧最简单的方法是使用Delete键删除。选中"效果控件"面板中不需要的关键帧，按Delete键即可。按住Shift键可加选多个关键帧进行删除。图6-23和图6-24所示分别为删除关键帧前后的效果。删除关键帧后，对应的动画效果也会消失。

图 6-23   图 6-24

2. 使用按钮删除

单击"效果控件"面板中的"添加/移除关键帧" ◉ 按钮，或"切换动画" ◎ 按钮同样可以删除关键帧。与使用Delete键删除关键帧不同的是，使用"添加/移除关键帧" ◉ 按钮删除关键帧需要移动播放指示器与要删除的关键帧对齐。

在"效果控件"面板中移动播放指示器至要删除的关键帧上，单击相应属性中的"添加/移除关键帧" ◉ 按钮即可，如图6-25、图6-26所示。

图 6-25   图 6-26

若想删除同一属性的所有关键帧，则单击"效果控件"面板中的"切换动画" ◎ 按钮，在弹出的"警告"对话框中单击"确定"按钮即可。图6-27和图6-28所示分别为删除所有"旋转"属性关键帧前后的效果。

图 6-27   图 6-28

3. 使用命令删除

除了以上两种常用的方法外，用户还可以选中要删除的关键帧，执行"编辑>清除"命令，清除选中的关键帧。

6.2.4 实操案例：呼吸灯文字动画效果

合理利用关键帧可以节省制作时间，达到事半功倍的目的。下面通过关键帧制作呼吸灯文字动画效果。

> 实例：呼吸灯文字动画效果
> 素材位置：配套资源＼第6章＼实操案例＼素材＼生日.mp4
> 实例效果：配套资源＼第6章＼实操案例＼效果＼呼吸灯文字.mp4

Step01：新建项目和序列。按Ctrl+I组合键导入本案例素材文件，如图6-29所示。
Step02：将素材文件拖曳至"时间轴"面板中的V1轨道上，调整素材持续时间为12秒，如图6-30所示。

图 6-29　　　　　　　　　　　　　　　图 6-30

Step03：选中"时间轴"面板中的素材，在"效果控件"面板中设置"缩放"为50.0，效果如图6-31所示。

Step04：移动播放指示器至00:00:00:00处，使用"文字工具"在"节目监视器"面板中输入文字，在"效果控件"面板中设置文字样式，效果如图6-32所示。

图 6-31　　　　　　　　　　　　　　　图 6-32

> **提示：**
> 设置自己喜欢的文字样式即可。

Step05：使用相同的方法，继续创建文字，效果如图6-33所示。

Step06：在"时间轴"面板中调整文字素材持续时间与V1轨道上的素材一致，如图6-34所示。

图 6-33　　　　　　　　　　　　　　　图 6-34

Step07：选中V2~V5轨道上的素材，按住Alt键向上拖曳复制，如图6-35所示。

Step08：选中V2~V5轨道上的素材，单击鼠标右键，在弹出的快捷菜单中选择"嵌套"命令进行嵌套。使用相同的方法，嵌套V6~V9轨道上的素材，如图6-36所示。

Step09：将V6轨道上的素材移动至V3轨道上。双击V2轨道上的素材进入嵌套序列，在"效果"面板中搜索"高斯模糊"效果，并拖曳至最下方的素材上。移动播放指示器至00:00:00:00处，在"效果控件"面板中为"模糊度"参数添加关键帧，如图6-37所示。

Step10：将播放指示器右移5帧，更改"模糊度"参数，软件将自动创建关键帧，如图6-38所示。

图 6-35

图 6-36

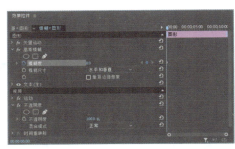

图 6-37

图 6-38

Step11：选中已有的关键帧，按Ctrl+C组合键复制。将播放指示器右移5帧，按Ctrl+V组合键粘贴关键帧，如图6-39所示。

Step12：将播放指示器右移10帧，按Ctrl+V组合键粘贴关键帧，如图6-40所示。

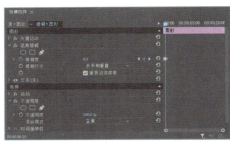

图 6-39

图 6-40

Step13：重复操作，如图6-41所示。

Step14：选中所有关键帧，按Ctrl+C组合键复制。将"高斯模糊"效果拖曳至V3轨道的素材上，移动播放指示器至00:00:00:02处，在"效果控件"面板中按Ctrl+V组合键粘贴复制的关键帧，如图6-42所示。

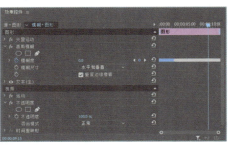

图 6-41

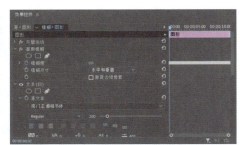

图 6-42

Step15：使用相同的方法，为V4和V5轨道上的素材复制粘贴关键帧，如图6-43、图6-44所示。

图 6-43   图 6-44

Step16：切换至原序列，按Enter键渲染预览，效果如图6-45所示。

图 6-45

至此，完成呼吸灯文字动画效果的制作。

6.3 关键帧插值

关键帧插值是指在两个或多个关键帧之间自动计算中间帧的过程。通过添加并调整关键帧插值，可以使变化效果更平滑。软件中的关键帧插值可以分为临时插值和空间插值两种，这两种插值共同决定了动画的流畅度和表现力。

6.3.1 临时插值

"临时插值"控制时间线上的速度变化状态。在"效果控件"面板中选中关键帧右击，在弹出的快捷菜单中可以选择需要的插值方法，如图6-46所示。

"临时插值"各选项功能介绍如下。

● 线性：默认的插值选项，可用于创建匀速变化的插值，运动效果相对来说比较机械。

● 贝塞尔曲线：用于提供手柄创建自由变化的插值。该选项对关键帧的控制最强。

图 6-46

● 自动贝塞尔曲线：用于创建具有平滑的速率变化的插值，且更改关键帧的值时会自动更新，以维持平滑过渡效果。

● 连续贝塞尔曲线：与自动贝塞尔曲线类似，但提供一些手动控件进行调整。在关键帧的一侧更改图表的形状时，关键帧另一侧的形状也会发生相应变化，以维持平滑过渡。

● 定格：定格插值仅供时间属性使用，可用于创建不连贯的运动或突然变化的效果。使用定格插值时，将持续前一个关键帧的数值，直到下一个定格关键帧立刻发生改变。

● 缓入：用于减慢进入关键帧的值的变化。

● 缓出：用于逐渐加快离开关键帧的值的变化。

103

6.3.2 空间插值

"空间插值"关注的是对象在屏幕空间内的路径，决定了素材运动轨迹是曲线还是直线。图6-47所示为"空间插值"的快捷菜单；图6-48所示为选择"线性"和"自动贝塞尔曲线"时的路径效果。

图 6-47　　　　　　　　　　　　　　图 6-48

6.3.3 实操案例：短视频加载动画效果

关键帧可以创造多样的动态效果，使短视频更加生动有趣。下面通过关键帧插值制作短视频加载动画效果。

实例：短视频加载动画效果
素材位置：配套资源＼第6章＼实操案例＼素材＼滑雪.mp4、加载.png
实例效果：配套资源＼第6章＼实操案例＼效果＼加载动画.mp4

Step01： 新建项目和序列。按Ctrl+I组合键导入本案例素材文件，如图6-49所示。

Step02： 将视频素材文件拖曳至"时间轴"面板的V1轨道上，调整素材持续时间为10秒，如图6-50所示。

图 6-49

图 6-50

Step03： 移动播放指示器至00:00:00:00处，单击鼠标右键，在弹出的快捷菜单中执行"插入帧定格分段"命令，插入帧定格分段，如图6-51所示。

Step04： 在"效果控件"面板中搜索"高斯模糊"效果并拖曳至帧定格分段素材上，在"效果控件"面板中设置"模糊度"为200.0，勾选"重复边缘像素"复选框，效果如图6-52所示。

图 6-51   图 6-52

Step05：为"模糊度"参数添加关键帧。移动播放指示器至00:00:02:00处，更改"模糊度"为0.0，软件将自动创建关键帧，如图6-53所示。

Step06：将图像素材拖曳至V2轨道上，调整其持续时间与帧定格分段素材一致，如图6-54所示。

图 6-53   图 6-54

Step07：移动播放指示器至00:00:00:00处，为图像素材的"旋转"参数添加关键帧，如图6-55所示。

Step08：将播放指示器右移3帧，设置"旋转"为45.0°，软件将自动创建关键帧，如图6-56所示。

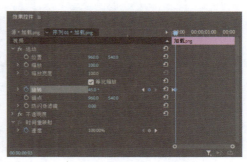

图 6-55   图 6-56

Step09：将播放指示器右移3帧，设置"旋转"为90.0°，软件将自动创建关键帧，如图6-57所示。

Step10：重复操作，每隔3帧将素材旋转45°，直至素材最后一帧，如图6-58所示。

Step11：选中所有关键帧并单击鼠标右键，在弹出的快捷菜单中执行"定格"命令，此时关键帧形状变为 ◁，如图6-59所示。

Step12：在"效果"面板中搜索"黑场过渡"视频过渡效果，并拖曳至帧定格分段素材入点处，设置其持续时间为1秒。搜索"交叉溶解"视频过渡效果，并拖曳至图像素材出点处，设置其持续时间为10帧，如图6-60所示。

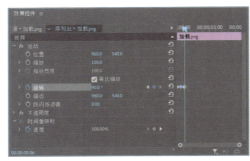

图 6-57

图 6-58

图 6-59

图 6-60

Step13：按Enter键渲染预览，效果如图6-61所示。

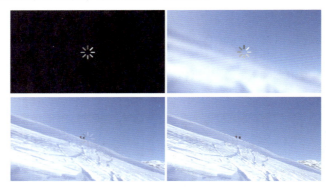

图 6-61

至此，完成短视频加载动画效果的制作。

6.4 案例实战：旅行短视频片头

本案例将通过关键帧和蒙版制作旅行短视频的片头。这里主要用到关键帧和蒙版的创建、素材持续时间的调整等知识点。

实例：旅行短视频片头
素材位置：配套资源＼第6章＼案例实战＼素材＼景色.mp4、汽车.mp4
实例效果：配套资源＼第6章＼案例实战＼效果＼片头.mp4

Step01：新建项目和序列，执行"文件>导入"命令，在弹出的"导入"对话框中选中要打开的素材文件，如图6-62所示。

Step02：完成后单击"打开"按钮，导入素材文件，如图6-63所示。

Step03：选中"项目"面板中的素材"景色.mp4"，并拖曳至"时间轴"面板中的V1轨道上，将素材"汽车.mp4"拖曳至V2轨道上，如图6-64所示。

Step04：调整"景色.mp4"的持续时间为10秒，"汽车.mp4"的持续时间为6秒，如图6-65所示。

图 6-62

图 6-63

图 6-64

图 6-65

Step05：选中V1轨道上的素材，移动播放指示器至00:00:00:00处，在"效果控件"面板中调整"不透明度"为0.0%，单击"不透明度"参数左侧的"切换动画"按钮添加关键帧，如图6-66所示。

Step06：移动播放指示器至00:00:06:00处，设置"不透明度"为100.0%，软件将自动创建关键帧，如图6-67所示。

图 6-66

图 6-67

Step07：移动播放指示器至00:00:00:00处，选中V2轨道上的素材，在"效果控件"面板中单击"不透明度"参数下的"自由绘制贝塞尔曲线"按钮，在"节目监视器"面板中沿汽车右前侧车窗绘制曲线创建蒙版，在"效果控件"面板中设置"蒙版羽化"为0.0，勾选"已反转"复选框，如图6-68所示。"节目监视器"面板中的效果如图6-69所示。

图 6-68

图 6-69

Step08：移动播放指示器至起始处，在"效果控件"面板中单击"蒙版路径"参数左侧的"切换动画" ⊙ 按钮，添加关键帧，如图6-70所示。

Step09：移动播放指示器至00:00:01:00处，在"节目监视器"面板中调整蒙版路径，如图6-71所示。此时，"效果控件"面板中自动在当前位置添加"蒙版路径"关键帧。

图 6-70

图 6-71

Step10：使用相同的方法，根据预览情况在合适的位置添加"蒙版路径"关键帧，保持蒙版始终覆盖汽车窗户的效果，如图6-72所示。

Step11：选择"文字工具"，在"节目监视器"面板中单击输入文字，在"效果控件"面板中设置参数，如图6-73所示。

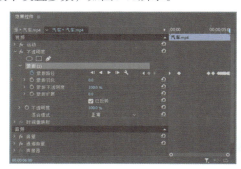

图 6-72

图 6-73

Step12：在"节目监视器"面板中预览，效果如图6-74所示。

Step13：移动文字至V3轨道上的合适位置，并调整持续时间为4秒，如图6-75所示。

图 6-74

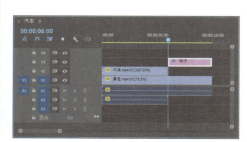

图 6-75

Step14：在"效果"面板中搜索"波形变形"视频效果，并拖曳至"时间轴"面板中的字幕素材上，在"效果控件"面板中调整参数，如图6-76所示。

Step15：选中字幕素材，移动播放指示器至00:00:06:00处，在"效果控件"面板中设置"位置"参数，并单击其左侧的"切换动画" ⊙ 按钮，添加关键帧，如图6-77所示。

图 6-76

图 6-77

Step16：移动播放指示器至00:00:08:00处，调整位置参数，软件将自动创建关键帧，如图6-78所示。

Step17：选中"时间轴"面板中的字幕素材，在"效果控件"面板中单击"不透明度"参数下的"创建4点多边形蒙版"■按钮，在"节目监视器"面板中绘制矩形建立蒙版，如图6-79所示。

图 6-78

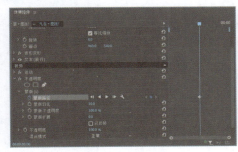
图 6-79

Step18：为蒙版路径添加关键帧，如图6-80所示。

Step19：移动播放指示器至00:00:06:00处，单击"蒙版路径"参数中的"添加/移除关键帧"⬤按钮创建关键帧，如图6-81所示。

图 6-80

图 6-81

Step20：至此，完成旅行短视频片头的制作。预览效果如图6-82所示。

图 6-82

Q：关键帧之间的运动是如何计算出来的？

A：在两个相邻的关键帧之间，Premiere Pro会根据关键帧之间的属性差异及用户设定的关键帧插值来计算中间帧的值。

Q：如何在Premiere Pro中设置循环动画？

A：Premiere Pro本身不直接支持循环动画功能，但用户可以通过复制和粘贴关键帧来手动创建循环；也可以在After Effects中创建循环动画，然后将其导入Premiere Pro中。

Q：如何修复关键帧动画中的颤抖或不平滑问题？

A：确保使用缓入缓出，并尝试调整两个关键帧之间的贝塞尔曲线。如果关键帧太过靠近，可能会造成颤抖，相隔较远可能会导致运动过于缓慢。有时候，过多的关键帧会使动画不平滑，可以尝试减少关键帧的数量。

Q：如何同步音频与关键帧动画？

A：在Premiere Pro中，用户可以在"时间轴"面板中查看音频波形。通过放大"时间轴"轨道，可以精确地在音频的特定点上添加关键帧，以确保音频与动画同步。

Q：如何逆转关键帧动画？

A：复制关键帧，然后将它们倒序粘贴即可。

Q：关键帧插值和关键帧间距有什么区别？

A：插值是关于如何在两个关键帧之间计算中间帧的问题，而间距是关于关键帧在时间线上分布的密度。间距紧密的关键帧会产生快速的动画，间距宽松的关键帧会产生慢动作效果。

Q：关键帧可以用来调整音频音量吗？

A：用户可以在音频轨道上使用关键帧来逐渐提高或降低音量，或者制造音量的变化效果。通过在音频轨道上添加关键帧并调整它们的高低，还可以控制音频的淡入淡出或者动态变化。

Q：如何将自定义的关键帧动画保存为预设？

A：在"效果控件"面板中选择包含关键帧动画的效果，单击鼠标右键，在弹出的快捷菜单中执行"保存预设"命令，命名预设并保存即可。用户可以在"效果"面板的"预设"文件夹中找到并应用预设。

第7章

抠像与蒙版

抠像与蒙版是短视频制作领域常用的两种技术，都涉及在图像或视频中选取和操作特定区域的过程。它们的区别在于，抠像侧重于颜色键控，而蒙版侧重于形状和区域的选择性编辑。综合利用这两种技术，可以制作出更加精细和复杂的效果。本章将重点介绍抠像与蒙版在短视频中的应用。

7.1 认识抠像

抠像是数字影像处理中的一种技术，可以去除画面中的绿色或蓝色背景，更换为其他背景，从而很好地与画面中的对象相融合。

7.1.1 什么是抠像

抠像即从图像或视频帧中精确分离出某个对象，使其背景透明化或者替换为其他背景的过程。在实际应用中，抠像技术最常用的是颜色信息，如绿幕或蓝幕，以实现前景对象与背景的分离。图7-1所示为抠像前后的效果。

图 7-1

7.1.2 为什么要抠像

抠像是影视制作和图像处理中一项重要的技术。影视作品中常见的许多夸张、虚拟的镜头画面基本都可以通过抠像技术完成，尤其是许多现实无法搭建的科幻场景。在影视制作领域，抠像技术可以轻松地将使用绿幕或蓝幕拍摄的对象放置在虚拟场景中，实现复杂场景的切换。同时，该技术还可以使创作者摆脱现实场景和资金压力的桎梏，实现更加自由的创作。图7-2所示为使用抠像技术替换背景前后的对比效果。

图 7-2

> **提示：**
>
> 绿幕和蓝幕广泛应用于抠像技术，这是因为绿色和蓝色通常在人类皮肤的颜色谱中出现得较少，且现代数字摄像机对绿色光的感光度更高，可方便在后期制作中进行抠像。

7.2 常用抠像效果

在Premiere中，抠像又叫键控，常用的抠像效果有Alpha调整、亮度键、超级键、轨道遮罩键、颜色键等，如图7-3所示。

7.2.1 Alpha 调整

"Alpha调整"效果可以选择一个参考画面，按照它的灰度等级决定该画面的叠加效果，并可通过调整不透明度数值制作不同的显示效果。图7-4所示为该效果的属性参数。

图 7-3

图 7-4

其中各选项功能介绍如下。

● 不透明度：用于设置素材的不透明度。数值越小，Alpha通道中的图像越透明。

● 忽略Alpha：勾选该复选框时会忽略Alpha通道，使素材透明部分变为不透明。

● 反转Alpha：勾选该复选框时将反转透明和不透明区域。图7-5所示为勾选该复选框前后的对比效果。

图 7-5

● 仅蒙版：勾选该复选框时将仅显示Alpha通道的蒙版，不显示其中的图像。图7-6所示为勾选该复选框前后的对比效果。

图 7-6

7.2.2 亮度键

"亮度键"效果可用于抠取图层中具有指定亮度的区域。图7-7所示为该效果的属性参数。

其中各选项功能介绍如下。

● 阈值：用于调整透明程度。图7-8所示为调整前后的对比效果。

图 7-7

图 7-8

● 屏蔽度：用于调整阈值以上或以下的像素变得透明的速度或程度。

7.2.3 超级键

"超级键"效果非常实用，可以指定图像中的颜色范围生成遮罩。图7-9所示为该效果的属性参数。

其中各选项功能介绍如下。

● 输出：用于设置素材输出类型，包括合成、Alpha通道和颜色通道3种类型。

● 设置：用于设置抠像类型，包括默认、弱效、强效和自定义4种类型。

● 主要颜色：用于设置要透明的颜色，可通过吸管直接吸取画面中的颜色。

● 遮罩生成：用于设置遮罩产生的方式。"透明度"选项可以在背景上抠出源区域后控制源区域的透明度；"高光"选项可以提高源图像亮区的不透明度；"阴影"选项可以提高源图像暗区的不透明度；"容差"选项可以从背景中滤出前景图像中的颜色；"基值"选项可以从Alpha通道中滤出通常由粒状或低光素材造成的杂色。

图 7-9

● 遮罩清除：设置遮罩的属性类型。"抑制"选项可以缩小Alpha通道遮罩的大小；"柔化"选项可以模糊Alpha通道遮罩的边缘；"对比度"选项可以调整Alpha通道的对比度；"中间点"选项可以选择对比度值的平衡点。

● 溢出抑制：用于调整对溢出色彩的抑制。"降低饱和度"选项可以控制颜色通道背景颜色的饱和度；"范围"选项可以控制校正的溢出量；"溢出"选项可以调整溢出补偿的量；"亮度"选项可以与Alpha通道结合使用，以恢复源的原始明亮度。

● 颜色校正：用于校正素材颜色。"饱和度"选项可以控制前景源的饱和度；"色相"选项可以控制色相；"明亮度"选项可以控制前景源的明亮度。

图7-10所示为应用该效果前后的对比效果。

图 7-10

7.2.4 轨道遮罩键

"轨道遮罩键"效果可以使用上层轨道上的图像遮罩当前轨道上的素材。图7-11所示为该效果的属性参数。

图 7-11

其中各选项功能介绍如下。

● 遮罩：用于选择跟踪抠像的视频轨道。图7-12所示为选择"视频2"前后的对比效果。

图 7-12

- 合成方式：用于选择合成的选项类型，包括Alpha遮罩和亮度遮罩2种。
- 反向：勾选该复选框将反向选择。图7-13所示为勾选该复选框前后的对比效果。

图 7-13

7.2.5 颜色键

"颜色键"效果可以去除图像中指定的颜色。图7-14所示为该效果的属性参数。要注意的是，该效果仅修改剪辑的 Alpha 通道。

图 7-14

其中各选项功能介绍如下。

- 主要颜色：用于设置抠像的主要颜色。图7-15所示为设置主要颜色前后的对比效果。

图 7-15

- 颜色容差：用于设置主要颜色的范围。容差越大，范围越大。
- 边缘细化：用于设置抠像边缘的平滑程度。
- 羽化边缘：用于柔化抠像边缘。

7.2.6 AIGC 实操案例：奇幻世界画面

抠像是影视制作中非常实用的技术，可以快速实现画面中某些内容的替换。下面结合使用DeepSeek和Premiere制作开门后的奇幻世界。

> 实例：奇幻世界画面
> 素材位置：配套资源＼第7章＼实操案例＼素材＼开门mp4、奇幻世界.mp4
> 实例效果：配套资源＼第7章＼实操案例＼效果＼奇幻世界.mp4

1. DeepSeek 内容策划

通过DeepSeek可以策划短视频内容。以开门后变换为奇幻世界为例，在DeepSeek对话框中输入以下内容。

提问：请策划通过Premiere中的键控效果，制作开门后由现实世界变为奇幻世界的画面效果的内容。简要描述。

内容生成如下。

效果概述

通过Premiere的键控合成+蒙版跟踪，实现"推开门后现实场景瞬间切换为奇幻世界"的视觉冲击。适合用于短剧开场、旅行VLOG转场或奇幻类短视频。

拍摄准备

1. 现实场景拍摄：

固定机位拍摄人物走向一扇门并推开的动作（门后可以是绿幕或普通墙面）。

注意：推门动作需缓慢且手部不要遮挡门框边缘。

2. 奇幻素材准备：

准备一段动态奇幻背景（如森林秘境、未来城市、海底世界等），或使用绿幕拍摄虚拟场景。

制作步骤

1. 基础抠像与合成

步骤：

● 将现实拍摄的"推门"视频放在轨道1，奇幻背景素材放在轨道2。

● 若门后是绿幕：对轨道1的门后区域用Ultra Key抠除绿色，直接显示轨道2的奇幻场景。

● 若门后为普通墙面：用蒙版工具手动框选门框区域，通过关键帧跟踪门打开的路径，露出轨道2的奇幻场景。

技巧：

● 使用蒙版路径的关键帧跟踪功能，逐帧调整门框边缘（右键蒙版→跟踪蒙版）。

● 调整蒙版羽化值（2~5）避免生硬边缘。

2. 增强过渡真实感

光线匹配：

对奇幻场景使用Lumetri颜色，调整色温与室内光线一致（如现实场景偏暖，奇幻世界也需微调暖色调）。

添加穿透特效：

在门缝开启瞬间，叠加镜头光晕（效果→生成→镜头光晕）或粒子特效（如灰尘、星光），模拟"异世界能量溢出"。

音效设计：

开门时添加"魔法音效"或"空间扭曲声"，关门后切换奇幻场景的环境音（如鸟鸣、水流）。

3. 细节优化（进阶）

环境互动：

若奇幻场景有动态元素（如飞鸟、飘雪），可在门开启后用蒙版控制其逐渐进入现实空间。

阴影合成：

在门框边缘手动绘制阴影图层（用黑色固态层+透明度），模拟奇幻世界光线投射到现实地面的效果。

低成本替代方案

无绿幕：

直接拍摄门后为白墙，用亮度键（Luma Key）抠除白色区域，替换为奇幻素材（需确保墙面无阴影）。

无专业素材：

用免费动态背景网站（如Pexels、Coverr）下载奇幻视频，或使用AE模板制作简单粒子特效。

示例分镜

1. 现实镜头（2秒）：

人物走近老旧木门，手触门把手。

2. 开门瞬间（1秒）：

门缝开启时，溢出蓝色光芒（叠加光效）。

3.切换镜头（3秒）：

门完全打开，展现奇幻世界全景，人物跨入门内，镜头跟随进入。

成品亮点
- 电影级转场：通过键控+蒙版实现"空间撕裂感"。
- 低成本高回报：无须复杂设备，用Premiere基础功能即可完成。
- 适配性强：可灵活替换奇幻场景（节日主题、游戏世界等）。

试试这个方案，让观众在"推门一瞬"被你的创意惊艳！

参考生成内容，拍摄、生成或搜集素材，进行后续的制作。

2. Premiere 视频制作

Step01：新建项目和序列。按Ctrl+I组合键导入本章视频素材文件，如图7-16所示。

Step02：将"开门.mp4"素材拖曳至"时间轴"面板的V2轨道中，将"奇幻世界.mp4"拖曳至V1轨道中，如图7-17所示。

图 7-16　　　　　　　　　　　　　　图 7-17

Step03：使用比率拉伸工具调整V1轨道素材持续时间，如图7-18所示。

Step04：移动播放指示器至00:00:03:09处显示绿幕，在"效果"面板中搜索"超级键"效果，拖曳至V2轨道素材上，在"效果控件"面板中使用"主要颜色"属性的吸管工具在"节目监视器"面板中吸取绿幕颜色，并设置其他参数，如图7-19所示。

图 7-18　　　　　　　　　　　　　　图 7-19

Step05：按空格键预览播放，效果如图7-20所示。

图 7-20

至此，完成奇幻世界短视频的制作。

7.3 蒙版和跟踪效果

蒙版和跟踪是精确编辑视频片段视觉效果的关键工具。蒙版可以使效果作用于特定区域；跟踪则可以帮助用户自动或半自动地跟随画面中移动的对象，使蒙版随着对象的运动动态更新。

7.3.1 什么是蒙版

蒙版是图像及视频编辑中常用的一种技术，允许用户选择性地隐藏或显示图像的部分区域。通过蒙版可以对图像的某个区域进行特定的编辑或效果应用，而不影响图像的其他部分。

在数字编辑软件中，蒙版通常表现为一个覆盖在图像或视频上的额外层。这个层通过不同的灰度值来控制底层内容的可见性，其中，白色或亮色区域允许底层内容完全显示；黑色或暗色区域允许隐藏底层内容；灰色区域则提供不同程度的透明度，实现底层内容的部分可见。

7.3.2 蒙版的创建与管理

Premiere软件提供了"创建椭圆形蒙版" ◉ 、"创建4点多边形蒙版" ▣ 和"自由绘制贝塞尔曲线" ✐ 3种类型的蒙版。

（1）创建椭圆形蒙版 ◉

单击该按钮，将在"节目监视器"面板中自动生成椭圆形蒙版。用户可以通过控制框调整椭圆的大小、比例等。

（2）创建4点多边形蒙版 ▣

单击该按钮，将在"节目监视器"面板中自动生成4点多边形蒙版。用户可以通过控制框调整4点多边形的形状。

（3）自由绘制贝塞尔曲线 ✐

单击该按钮，可在"节目监视器"面板中绘制自由的闭合曲线创建蒙版。

蒙版创建，"效果控件"面板中将出现蒙版选项，如图7-21所示。

其中各选项功能介绍如下。

● 蒙版路径：用于记录蒙版路径。

● 蒙版羽化：用于柔化蒙版边缘。

● 蒙版不透明度：用于调整蒙版的不透明度。当值为100时，蒙版完全不透明并会遮挡图层中位于其下方的区域。不透明度值越低，蒙版下方的区域就越清晰可见。

● 蒙版扩展：用于扩展蒙版范围。正值将外移边界，负值将内移边界。

● 已反转：勾选该复选框将反转蒙版范围。

创建蒙版后，用户可以在"节目监视器"面板中通过控制框手柄直接设置蒙版范围、羽化值等参数，如图7-22所示。

图 7-21　　　　　　　　　　　　　　图 7-22

7.3.3 蒙版跟踪操作

蒙版跟踪可以使蒙版自动跟随运动的对象，减轻用户负担。该操作主要通过"蒙版路径"选项实现。图7-23所示为"蒙版路径"选项。

其中各按钮功能介绍如下。

● 向后跟踪所选蒙版1个帧 ◀｜：单击该按钮将向当前播放指示器所在处的左侧跟踪1帧。

● 向后跟踪所选蒙版 ◀：单击该按钮将向当前播放指示器所在处的左侧跟踪直至素材入点处。

● 向前跟踪所选蒙版▶：单击该按钮将向当前播放指示器所在处的右侧跟踪直至素材出点处。

图 7-23

● 向前跟踪所选蒙版1个帧▶：单击该按钮将向当前播放指示器所在处的右侧跟踪1帧。

● 跟踪方法🔧：用于设置跟踪蒙版的方式。选择"位置"，将只跟踪从帧到帧的蒙版位置；选择"位置和旋转"，将在跟踪蒙版位置的同时，根据各帧的需要更改旋转情况；选择"位置、缩放和旋转"，将在跟踪蒙版位置的同时，随着帧的移动而自动缩放和旋转。

自动跟踪后，用户可以移动播放指示器位置，对不完善的地方进行处理。

7.3.4　实操案例：模糊屏幕画面

蒙版可以使效果作用于画面中的部分区域，结合蒙版跟踪操作可以使效果跟随运动动态变化。下面结合蒙版和跟踪效果，模糊屏幕画面。

实例：模糊屏幕画面
素材位置：配套资源\第7章\实操案例\素材\手机.mp4
实例效果：配套资源\第7章\实操案例\效果\模糊.mp4

Step01：新建项目和序列。按Ctrl+I组合键导入本案例视频素材文件，如图7-24所示。

Step02：将素材文件拖曳至"时间轴"面板中的V1轨道上，在"效果"面板中搜索"亮度与对比度（Brightness & Contrast）"视频效果，并将其拖曳至V1轨道的素材上，在"效果控件"面板中设置"亮度"为20.0，"对比度"为15.0，效果如图7-25所示。

图 7-24

图 7-25

Step03：在"效果"面板中搜索"颜色平衡（HLS）"视频效果，并将其拖曳至V1轨道的素材上，在"效果控件"面板中设置"饱和度"为5.0，效果如图7-26所示。

Step04：在"效果"面板中搜索"高斯模糊"视频效果，并将其拖曳至V1轨道的素材上，在"效果控件"面板中设置"模糊度"为50.0，勾选"重复边缘像素"复选框，效果如图7-27所示。

图 7-26

图 7-27

Step05：单击"高斯模糊"效果中的"自由绘制贝塞尔曲线"▨按钮，在"节目监视器"面板中沿屏幕绘制蒙版，如图7-28所示。

Step06：移动播放指示器至00:00:00:00处，单击"蒙版路径"参数左侧的"切换动画"◎按钮添加关键帧，单击"蒙版路径"参数右侧的"向前跟踪所选蒙版"▶按钮跟踪蒙版，软件将自动根据"节目监视器"面板中的内容调整蒙版并添加关键帧，如图7-29所示。

图 7-28   图 7-29

至此，完成素材中手机屏幕画面的模糊效果。

7.4 AIGC 案例实战：模糊人物面部

在制作短视频时，为了保护隐私可以选择模糊人物面部。下面结合抠像和蒙版的操作，模糊人物面部。

> 实例：模糊人物面部
> 素材位置：配套资源\第7章\案例实战\素材\打球.mp4、新闻.mp4、文案.txt
> 实例效果：配套资源\第7章\案例实战\效果\模糊人物面部.mp4

1. DeepSeek 文案创作

通过DeepSeek可以生成短视频中的文案。以本案例文案生成为例，在DeepSeek对话框中输入以下内容。

提问：请为介绍篮球运动的视频提供一段50字的新闻稿。

内容生成如下。

标题：燃动全场！篮球魅力风暴席卷全球

1891年诞生的篮球运动，以疾速攻防、团队协作和暴扣三分征服世界，NBA、奥运会等顶级赛事掀起4.5亿人热血狂欢。本片揭秘规则进化、巨星传奇与街头文化，展现"无兄弟不篮球"的拼搏精神！

（注：精准提炼篮球核心亮点——历史、竞技性、数据、文化及精神，50字达成。）

根据生成内容，保存文案，以便后续的制作。

2. Premiere 视频制作

Step01：新建项目和序列，按Ctrl+I组合键导入本章视频素材文件，如图7-30所示。

Step02：将"新闻.mp4"素材拖曳至V3轨道中，将"打球.mp4"素材拖曳至V1轨道中，如图7-31所示。

图 7-30   图 7-31

Step03：调整V2轨道素材持续时间与V1轨道一致，如图7-32所示。

Step04：在"效果"面板中搜索"超级键"效果，拖曳至V2轨道素材上，在"效果控件"面板中设置主要颜色为画面中的绿色，如图7-33所示。

Step05：效果如图7-34所示。

Step06：选中V1轨道素材，在"效果控件"面板中设置"位置"参数为（1175.0,516.0），

"缩放"参数为72.0,效果如图7-35所示。

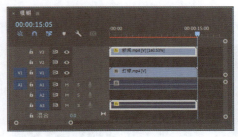

图 7-32

图 7-33

图 7-34

图 7-35

Step07:在00:00:10:16处将V1轨道素材裁切成2段。在"效果"面板中搜索"高斯模糊"效果,拖曳至V1轨道素材上,在"效果控件"面板中设置"模糊度"参数为50.0,并选择"重复边缘像素"复选框,效果如图7-36所示。

Step08:在00:00:10:16处将V1轨道素材裁切成2段。移动播放指示器至00:00:15:04处,选择"高斯模糊"选项组中的"创建椭圆形蒙版" ⬤ 按钮,在"节目"监视器面板中调整蒙版大小与位置,如图7-37所示。

Step09:单击"向后跟踪所选蒙版" ◀ 按钮跟踪蒙版,效果如图7-38所示。

Step10:选择"蒙版(1)"选项组,在"节目"监视器面板中逐帧手动调整蒙版位置,如图7-39所示。

图 7-36

图 7-37

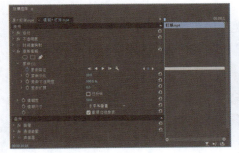

图 7-38

图 7-39

Step11：移动播放指示器至00:00:00:00处，使用矩形工具在"节目"监视器面板中绘制矩形，设置矩形填充为白色，"不透明度"为50.0%，效果如图7-40所示。

Step12：将矩形移动至V2轨道中，调整其持续时间与V1轨道素材一致，如图7-41所示。

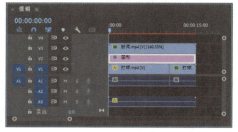

图 7-40

图 7-41

Step13：选中矩形右击，在弹出的快捷菜单中执行"嵌套"命令将其嵌套，如图7-42所示。

Step14：双击嵌套序列将其打开，使用文字工具在"节目"监视器面板中单击输入文字，在"效果控件"面板中设置字体、字号等参数，效果如图7-43所示。

图 7-42

图 7-43

Step15：调整文字素材持续时间与矩形素材一致，如图7-44所示。

Step16：移动播放指示器至00:00:00:00处，选中文字素材，在"效果控件"面板中为"图形"参数组中的"位置"参数添加关键帧。移动播放指示器至00:00:15:04处，更改"位置"参数，软件将自动创建关键帧，如图7-45所示。

图 7-44

图 7-45

Step17：切换至原序列，按Enter键渲染预览，效果如图7-46所示。

图 7-46

至此，完成人物面部的模糊操作。

Q：一个效果可以同时使用多个蒙版吗？

A：可以。在"效果控件"面板中单击效果下方的蒙版创建按钮进行创建。要注意的是，多个蒙版可能会增加计算负担。在应用多个蒙版时，蒙版的顺序和堆叠方式也会影响最终的效果。用户应根据实际情况确定是否需要创建多个蒙版，并细致调整蒙版的形状和参数，以达到最佳结果。

Q：蒙版跟踪时跟丢了目标应该怎么办？

A：在跟踪过程中，如果跟踪目标丢失，则可以停止跟踪并手动调整蒙版位置，然后继续跟踪；也可以减小跟踪区域大小，聚焦于更具特征的部分进行跟踪。

Q：以前版本中的"非红色键""图像遮罩键"等效果现在怎么没有了？

A：除了"抠像"效果组外，"过时"效果组还包括一部分抠像效果，如图像遮罩键、非红色键、移除遮罩键、蓝屏键等。用户可以根据需要自行选择合适的效果进行应用。

Q：抠像的边缘不甚干净如何处理？

A：当抠像后边缘有锯齿、溢色或背景残留时，可以尝试调整键控效果的阈值、柔和度、边缘抑制等参数加以改善。

Q：如何使较硬的蒙版边缘看起来比较自然？

A：通过调整"蒙版羽化""蒙版扩展""蒙版不透明度"等参数调整蒙版边缘，使蒙版更自然地融入背景。

Q：如何加速蒙版跟踪？

A：禁用蒙版跟踪的"预览"效果可以加快蒙版跟踪的速度。选中带有蒙版的剪辑，在"效果控件"面板中单击"蒙版路径"选项中的"跟踪方法" 按钮，在弹出的列表中取消选择"预览"选项。除此之外，Premiere Pro还拥有优化蒙版跟踪的内置功能。对于高度大于1080的剪辑，软件在计算轨道时会将帧缩放至1080大小，还会使用低品质渲染来加快蒙版跟踪的处理过程。

Q：Premiere Pro中抠像最常用的工具是什么？

A："超级键"效果。该效果允许用户选择一种颜色（通常是绿幕或蓝幕背景），然后调整各种设置以去除被选择的颜色，从而实现抠像。

第8章

短视频调色

色彩是短视频中至关重要的元素，不仅能够增强视觉冲击力，提升画面效果，还可以正面影响观众的情感反应和对视频的印象。在短视频制作过程中，除了拍摄时选取合适的色彩方案外，还可以在后期制作中通过软件进行调色。本章将重点介绍短视频各类调色效果的应用。

"图像控制"效果组中的效果可以用于处理素材中的特定颜色。该效果组包括"颜色过滤（Color Pass）""颜色替换（Color Replace）""灰度系数校正（Gamma Correction）""黑白"4种效果。

8.1.1 颜色过滤

"颜色过滤"（Color Pass）效果可以仅保留指定的颜色，使其他颜色呈灰色显示或仅使指定的颜色呈灰色显示而保留其他颜色。图8-1所示为该效果的属性参数。

图 8-1

其中各选项功能介绍如下。

- Similarity（容差）：用于设置颜色的选取范围。数值越高，选取的范围越大。
- Reverse（反相）：用于反转保留和呈灰度显示的颜色。
- Color（颜色）：用于选择要保留的颜色。

图8-2所示为调整参数前后的对比效果。

图 8-2

8.1.2 颜色替换

"颜色替换"（Color Replace）效果可以替换素材中指定的颜色，且保持其他颜色不变。图8-3所示为该效果的属性参数。

图 8-3

其中部分选项功能介绍如下。

- Solid Colors（纯色）：选择该选项将替换为纯色。
- Target Color（目标颜色）：画面中的取样颜色。
- Replace Color（替换颜色）："目标颜色"替换后的颜色。

将"颜色替换"效果拖曳至素材上，在"效果控件"面板中设置要替换的颜色和替换后的颜色即可。图8-4所示为替换效果。

图 8-4

8.1.3 灰度系数校正

"灰度系数校正"（Gamma Correction）效果可以在不改变图像亮部的情况下使图像变暗或变亮。图8-5所示为该效果的属性参数。其中，"Gamma（灰度系数）"参数用于设置素材的灰度效果，数值越高，图像越暗；数值越低，图像越亮。

图 8-5

8.1.4 黑白

"黑白"效果可以去除素材的颜色信息，使其显示为黑白图像。将"黑白"效果拖曳至素材上即可。图8-6所示为应用该效果前后的对比效果。

图 8-6

8.1.5 AIGC 实操案例：主体的色彩聚焦效果

图像控制类视频效果可以制作很多有趣的色彩视频。下面结合DeepSeek和Premiere制作突出主体的色彩聚焦效果。

实例：水中的一抹红
素材位置：配套资源\第8章\实操案例\素材\水中.mp4
实例效果：配套资源\第8章\实操案例\效果\水中的一抹红.mp4

1. DeepSeek 创意生成

通过DeepSeek可以生成效果的创意方案。以本案例为例，在DeepSeek对话框中输入以下内容。

提问：Premiere图像控制类效果（颜色过滤、颜色替换、灰度系数校正、黑白）可以制作什么短视频效果？

内容生成如下。

在Adobe Premiere Pro中，图像控制类效果（如颜色过滤、颜色替换、灰度系数校正、黑白）可以通过调整色彩和明暗关系，为短视频创作丰富的视觉风格。以下是这些效果的具体应用场景和实现效果。

1. 颜色过滤（Color Pass）

效果特点：保留画面中指定的颜色，其他区域转为灰度。

应用场景：

● 突出主体：在人物或产品展示类视频中，保留主体颜色（如红色连衣裙或品牌Logo），背景转为黑白，增强视觉焦点。

● 艺术化表达：在MV或剧情片中，通过保留单一颜色（如路灯的暖黄色），营造孤独感或回忆氛围。

● 情感对比：在情感转折片段中，通过颜色突显关键物品（如信件、鲜花），强化叙事张力。

2. 颜色替换（Color Replace）

效果特点：将目标颜色替换为其他颜色，保留原亮度信息。

应用场景：

● 创意广告：快速更换产品颜色（如汽车、服装），展示多款式选择，无须重新拍摄。

● 超现实风格：替换天空颜色为紫色或霓虹色调，营造科幻或梦境效果。

● 动态色彩过渡：结合关键帧动画，实现颜色渐变（如树叶从绿变黄），表现时间流逝或季节变化。

3. 灰度系数校正（Gamma Correction）

效果特点：调整中间调亮度，保持高光和阴影细节。

应用场景：

● 氛围调整：在阴郁场景中降低灰度系数，增强画面压抑感；在明亮场景中提高灰度系数，让画面更通透。

● 复古胶片感：配合其他调色工具，模拟胶片中间调的柔和质感，适合怀旧主题短视频。

● 修复曝光问题：修正因光线不足导致的画面灰暗，提升整体观感。

4. 黑白（Black & White）

效果特点：将彩色画面转为灰度图像。

应用场景：

● 经典电影风格：模拟黑白电影质感，适用于历史纪录片或艺术短片的开场。

● 情绪渲染：在悲伤或严肃场景中，黑白画面可增强沉重感或时间停滞感。

● 对比强调：在彩色片段中插入黑白画面，突出回忆与现实的反差。

组合应用示例

● 动态焦点转移：使用颜色过滤+关键帧，让画面从全彩逐渐变为单一颜色聚焦，引导观众视线。

● 品牌视觉统一：通过黑白效果统一多段素材色调，叠加品牌主色（如Logo的蓝色）作为点缀，强化品牌识别。

操作技巧

● 精细控制：在颜色替换中，通过"容差"和"边缘柔化"参数避免色彩溢出，使替换更自然。

● 结合蒙版：为颜色过滤效果添加形状蒙版，仅对局部区域应用灰度化，实现更灵活的创意表达。

灵活运用这些效果，用户可以在短视频中实现从写实到抽象的多层次视觉表达，增强作品的叙事性和艺术性。更多参数设置和案例可参考Premiere官方教程及进阶课程。

参考回答内容，选择颜色过滤应用场景中的突出主体效果，生成或拍摄素材，进行后续的操作。

2. Premiere 视频制作

Step01：新建项目，按Ctrl+I组合键导入本章素材文件，并将其拖曳至"时间轴"面板中创建序列，如图8-7所示。

Step02：在"效果"面板中搜索"Color Pass（颜色过滤）"效果，拖曳至V1轨道的素材上，在"效果控件"面板中，使用"color（颜色）"属性右侧的吸管工具吸取水面中的颜色（＃86A4CD），并设置"Similarity（容差值）"属性为28，选择"Reverse（反转）"复选框，如图8-8所示。

Step03：此时效果如图8-9所示。

Step04：移动播放指示器至00:00:02:00处，为"Similarity（容差值）"属性添加关键帧，移动播放指示器至00:00:00:00处，设置"Similarity（容差值）"属性为0，软件将自动添加关键帧，如图8-10所示。

图 8-7

图 8-8

图 8-9

图 8-10

Step05：按空格键播放预览，效果如图8-11所示。

图 8-11

至此，完成水中的一抹红的色彩聚焦效果的制作。

8.2 过时类调色效果

"过时"效果组中的效果是旧版本软件中保留下来的、效果较好的部分。本节将对其中一些常用的调色效果进行介绍。

8.2.1 RGB 曲线

"RGB曲线"效果类似于Photoshop软件中的"曲线"命令，可以通过设置不同颜色通道的曲线调整画面显示效果。图8-12所示为该效果的属性参数。

其中部分选项功能介绍如下。

● 输出：用于设置输出内容是"合成"还是"亮度"。

● 布局：用于设置拆分视图是水平布局还是垂直布局。勾选"显示拆分视图"复选框并调整曲线后，水平布局和垂直布局效果分别如图8-13、图8-14所示。

● 拆分视图百分比：用于设置拆分视图所占百分比。

● 辅助颜色校正：可以通过色相、饱和度、明亮度等参数定义颜色并进行校正。

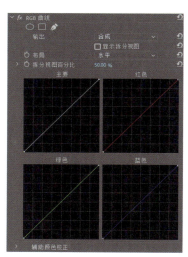

图 8-12

图 8-13

图 8-14

8.2.2 通道混合器

"通道混合器"效果是使用当前颜色通道的混合组合来修改颜色通道。图8-15所示为该效果的属性参数。

图 8-15

其中部分选项功能介绍如下。

● 红色-红色、红色-绿色、红色-蓝色：要增加到红色通道值的红色、绿色、蓝色通道值的百分比。例如，红色-绿色设置为20表示在每个像素的红色通道值上增加该像素绿色通道值的20%。

● 红色-恒量：要增加到红色通道值的恒量值。例如，设置为100表示通过增加100%红色来为每个像素增加红色通道的饱和度。

● 绿色-红色、绿色-绿色、绿色-蓝色：要增加到绿色通道值的红色、绿色、蓝色通道值的百分比。

● 绿色-恒量：要增加到绿色通道值的恒量值。

● 蓝色-红色、蓝色-绿色、蓝色-蓝色：要增加到蓝色通道值的红色、绿色、蓝色通道值的百分比。

● 蓝色-恒量：要增加到蓝色通道值的恒量值。

● 单色：勾选该复选框将创建灰度图像效果。

图8-16所示为添加该效果并调整前后的对比效果。

图 8-16

8.2.3 颜色平衡

"颜色平衡（HLS）"效果是通过设置色相、亮度及饱和度调整画面的显示。图8-17所示为该效果的属性参数。

图 8-17

其中各选项功能介绍如下。

● 色相：用于指定图像的配色方案。

● 亮度：用于指定图像的亮度。

● 饱和度：用于调整图像的颜色饱和度。负值表示降低饱和度，正值表示提高饱和度。

图8-18所示为添加该效果并调整前后的对比效果。

图 8-18

8.2.4 实操案例：清新色调调整

通过调色效果，可以实现不同的调色需求。下面结合"RGB曲线""通道混合器""颜色平衡（HLS）"等效果实现清新色调的调整。

实例：清新色调调整
素材位置：配套资源\第8章\实操案例\素材\走路.mp4
实例效果：配套资源\第8章\实操案例\效果\清新色调.mp4

Step01：新建项目。按Ctrl+I组合键导入本案例素材文件，并将其拖曳至"时间轴"面板中创建序列，如图8-19所示。

Step02：在"效果"面板中搜索"RGB曲线"效果，将其拖曳至V1轨道的素材上，在"效果控件"面板中调整曲线，如图8-20所示。

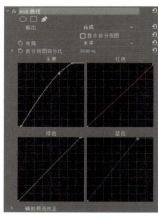

图 8-19　　　　　　　　　　　　　　　　图 8-20

Step03：此时"节目监视器"面板中的效果如图8-21所示。

Step04：搜索"通道混合器"效果并拖曳至V1轨道的素材上，在"效果控件"面板中调整参数，如图8-22所示。效果如图8-23所示。

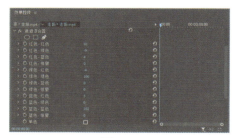

图 8-21　　　　　　　　　　　　　　　　图 8-22

Step05：搜索"颜色平衡（HLS）"效果并拖曳至V1轨道的素材上，在"效果控件"面板中调整参数，如图8-24所示。效果如图8-25所示。

图 8-23

图 8-24

图 8-25

至此，完成清新色调的调整。

> **提示：**
>
> 　　用户可以将自定义的调色设置保存为预设。在"效果控件"面板中选择调色效果选项组，单击鼠标右键，在弹出的快捷菜单中执行"保存预设"命令，打开"保存预设"对话框设置参数，完成后单击"确定"按钮，可将其保存在"效果"面板的"预设"选项组中。

8.3　颜色校正类调色效果

"颜色校正"效果组中的效果可以校正素材颜色，实现调色。该效果组包括"ASC CDL""亮度与对比度""色彩"等7种效果。

8.3.1　ASC CDL

"ASC CDL"效果可以通过调整素材图像的红、绿、蓝通道的参数及饱和度校正素材颜色。图8-26所示为该效果的属性参数。

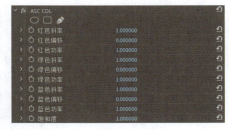
图 8-26

其中各选项功能介绍如下。

● 红色斜率：用于调整素材文件中红色数量的斜率。

● 红色偏移：用于调整素材文件中红色数量的偏移程度。

● 红色功率：用于调整素材文件中红色数量的功率。

● 绿色斜率：用于调整素材文件中绿色数量的斜率。

● 绿色偏移：用于调整素材文件中绿色数量的偏移程度。

● 绿色功率：用于调整素材文件中绿色数量的功率。

- 蓝色斜率：用于调整素材文件中蓝色数量的斜率。
- 蓝色偏移：用于调整素材文件中蓝色数量的偏移程度。
- 蓝色功率：用于调整素材文件中蓝色数量的功率。
- 饱和度：用于调整素材图像的饱和度。

图8-27所示为添加该效果并调整前后的对比效果。

图 8-27

8.3.2 亮度与对比度

"亮度与对比度"（Brightness & Contrast）效果是通过调整亮度和对比度参数调整素材图像显示效果。图8-28所示为该效果的属性参数。

图 8-28

其中各选项功能介绍如下。
- 亮度：用于调整画面的明暗程度。
- 对比度：用于调整画面的对比度。

图8-29所示为添加该效果并调整前后的对比效果。

图 8-29

8.3.3 Lumetri 颜色

"Lumetri颜色"效果的功能较为强大，它提供了专业质量的颜色分级和颜色校正工具，是一个综合性的颜色校正效果。图8-30所示为该效果的属性参数。

图 8-30

其中各选项功能介绍如下。
- 基本校正：用于修正过暗或过亮的视频。

● 创意：提供预设以快速调整剪辑的颜色。

● 曲线：提供RGB曲线、色相饱和度曲线等以快速精确地调整颜色，从而获得自然的外观效果。

● 色轮和匹配：提供色轮以单独调整图像的阴影、中间调和高光。

● HSL辅助：用于在主颜色校正完成后，辅助调整素材文件中的颜色。

● 晕影：用于制作类似于暗角的效果。

图8-31和图8-32所示为添加该效果并设置不同参数的对比效果。

图 8-31   图 8-32

除了"Lumetri颜色"效果外，Premiere软件还提供了单独的"Lumetri颜色"面板进行调色，如图8-33所示。

图 8-33

8.3.4 广播颜色

"广播颜色"效果可以改变像素颜色值，以保留用于广播电视的范围中的信号振幅。图8-34所示为该效果的属性参数。

图 8-34

其中各选项功能介绍如下。

● 广播区域设置：预期输出的广播标准，包括PAL和NTSC两种制式类型。PAL制即为正交平衡调幅逐行倒相制，多用于中国、英国、新加坡、澳大利亚、新西兰等。NTSC制即为正交平衡调幅制，多用于美国、加拿大、日本、韩国、菲律宾等。

● 确保颜色安全的方式：用于设置确保颜色安全的方式。"抠出不安全区域"和"抠出安全区域"选项可以确定广播颜色效果在当前设置下影响的图像部分；"降低明亮度"和"降低饱和度"选项可以设置减小信号振幅的方式。

● 最大信号振幅（IRE）：最大的信号振幅，以IRE为单位，数量级高于此值的像素会改变。

8.3.5 色彩

"色彩"效果类似于Photoshop软件中的渐变映射，可以将相等的图像灰度范围映射到指定的颜色，即在图像中将阴影映射到一种颜色，高光映射到另一种颜色，而中间调映射到两种颜色的中间值。图8-35所示为该效果的属性参数。

图 8-35

其中各选项功能介绍如下。

● 将黑色映射到：可以将画面中的深色变为该颜色。

● 将白色映射到：可以将画面中的浅色变为该颜色。

● 着色量：用于设置两种颜色在画面中的浓度。

图8-36所示为添加该效果并调整前后的对比效果。

图 8-36

8.3.6 视频限制器

"视频限制器"效果可以限制素材图像的RGB值，以满足HDTV数字广播规范的要求。

图8-37所示为该效果的属性参数。

其中各选项功能介绍如下。

图 8-37

● 剪辑层级：用于指定输出范围。

● 剪切前压缩：从剪辑层级下方 3%、5%、10% 或 20% 开始，在硬剪辑之前将颜色移入规定范围内。

● 色域警告：勾选该复选框，压缩后的颜色或超出颜色范围的颜色将分别以暗色或高亮方式显示。

● 色域警告颜色：用于指定色域警告颜色。

8.3.7 颜色平衡

"颜色平衡"效果是通过更改图像阴影、中间调和高光中的红、绿、蓝色所占的量调整画面效果。图8-38所示为该效果的属性参数。

图 8-38

其中各选项功能介绍如下。

● 阴影红色平衡、阴影绿色平衡、阴影蓝色平衡：用于调整素材中阴影部分的红、绿、蓝颜色平衡情况。

● 中间调红色平衡、中间调绿色平衡、中间调蓝色平衡：用于调整素材中中间调部分的红、绿、蓝颜色平衡情况。

● 高光红色平衡、高光绿色平衡、高光蓝色平衡：用于调整素材中高光部分的红、绿、蓝颜色平衡情况。

● 保持发光度：用于在更改颜色时保持图像的平均亮度，以保持图像中的色调平衡。图8-39所示为添加该效果并调整前后的对比效果。

图 8-39

8.3.8 实操案例：短视频画面优化

Premiere Pro软件提供了多种调色工具及效果。下面通过"Lumetri颜色"效果对短视频画面进行优化。

实例：短视频画面优化
素材位置：配套资源＼第8章＼实操案例＼素材＼河边.mp4
实例效果：配套资源＼第8章＼实操案例＼效果＼画面优化.mp4

Step01：新建项目。按Ctrl+I组合键导入本案例素材文件，并将其拖曳至"时间轴"面板中创建序列，如图8-40所示。

Step02：在"效果"面板中搜索"Lumetri颜色"效果，并拖曳至V1轨道的素材上，在"效果控件"面板中设置"基本校正"选项组中的"色温"为-50.0，效果如图8-41所示。

图 8-40   图 8-41

Step03：设置"高光"为54.0，"阴影"为-23.0，效果如图8-42所示。

Step04：设置"白色"为49.0，"黑色"为-87.0，效果如图8-43所示。

图 8-42   图 8-43

Step05：设置"饱和度"为120.0，效果如图8-44所示。

Step06：展开"曲线"选项组，设置红色通道和蓝色通道曲线，如图8-45所示。效果如图8-46所示。

图 8-44

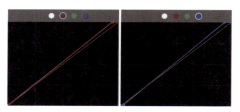

图 8-45

Step07：展开"色轮和匹配"选项组，设置参数如图8-47所示。

图 8-46

图 8-47

Step08：最终效果如图8-48所示。

图 8-48

至此，完成短视频画面优化的操作。

8.4 通道类调色效果

"通道"效果组仅包括"反转"一种效果。该效果可以反转图像的通道。图8-49所示为该效果的属性参数。

图 8-49

其中各选项功能介绍如下。

● 声道：用于设置反转的通道。

● 与原始图像混合：用于设置反转后的画面与原图像的混合程度。

图8-50所示为添加该效果并调整前后的对比效果。

图 8-50

8.5 案例实战：季节变换效果

通过调色效果，可以实现同一视频的不同季节变换效果。下面结合"Lumetri颜色"效果和视频过渡效果，制作季节变换短视频。

| 实例：季节变换效果 |
| 素材位置：配套资源\第8章\案例实战\素材\骑车.mp4、下雪.mov |
| 实例效果：配套资源\第8章\案例实战\效果\季节变换.mp4 |

Step01：新建项目。按Ctrl+I组合键导入本案例素材文件"骑车.mp4"，并将其拖曳至"时间轴"面板中创建序列，如图8-51所示。

Step02：选中"时间轴"面板中的素材，单击鼠标右键，在弹出的快捷菜单中执行"速度/持续时间"命令，打开"剪辑速度/持续时间"对话框，在其中设置"持续时间"为20秒，如图8-52所示。完成后单击"确定"按钮。

图 8-51

图 8-52

Step03：使用"剃刀工具"将轨道上的素材均分为4段，如图8-53所示。

Step04：在"效果控件"面板中搜索"Lumetri颜色"效果，并拖曳至V1轨道的第1段素材上，在"效果控件"面板中展开"曲线"选项组，调整"色相（与色相）选择器"中的"色相与色相"曲线，如图8-54所示。

图 8-53

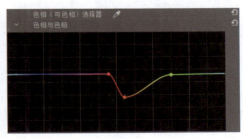

图 8-54

Step05：此时"节目监视器"面板中的效果如图8-55所示。

Step06：在"效果控件"面板中搜索"Lumetri颜色"效果，并拖曳至V1轨道的第2段素材上，在"效果控件"面板中展开"曲线"选项组，调整"色相（与色相）选择器"中的"色相与色相"曲线，如图8-56所示。效果如图8-57所示。

Step07：在"效果控件"面板中搜索"Lumetri颜色"效果，并拖曳至V1轨道的第4段素材上，在"效果控件"面板中展开"基本校正"选项组，设置"色温"为-48.0，效果如图8-58所示。

图 8-55

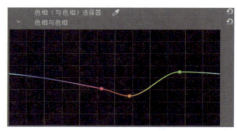
图 8-56

图 8-57

图 8-58

Step08：展开"曲线"选项组，调整"RGB曲线"，如图8-59所示。效果如图8-60所示。

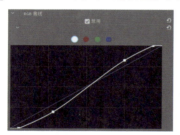
图 8-59

图 8-60

Step09：在"效果控件"面板中搜索"色彩"效果，并拖曳至第4段素材上，设置"着色量"为80.0%，如图8-61所示。效果如图8-62所示。

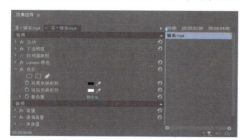
图 8-61

图 8-62

Step10：按Ctrl+I组合键导入本案例素材文件"下雪.mov"，并拖曳至V2轨道上，调整其持续时间与V1轨道上的第4段素材一致，如图8-63所示。

Step11：选中V2轨道上的素材，在"效果控件"面板中设置其"混合模式"为滤色，效果如图8-64所示。

Step12：选中V1轨道上的第4段素材和V2轨道上的素材，单击鼠标右键，在弹出的快捷菜单中执行"嵌套"命令将其嵌套，如图8-65所示。

Step13：在"效果"面板中搜索"交叉溶解"视频过渡效果，并拖曳至素材相接处，如图8-66所示。

短视频剪辑、调色与特效制作（全彩微课版） ——DeepSeek+Premiere

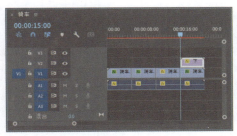

图 8-63

图 8-64

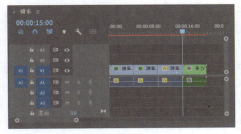

图 8-65

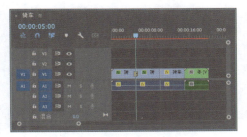

图 8-66

Step14：在"效果控件"面板中调整过渡持续时间为1秒10帧，如图8-67所示。

Step15：选中调整后的视频过渡效果，按Ctrl+C组合键复制，按Ctrl+V组合键将其粘贴至其他素材相接处，如图8-68所示。

图 8-67

图 8-68

Step16：按Enter键渲染预览，效果如图8-69所示。

图 8-69

至此，完成季节变换效果的制作。

8.6 知识拓展

Q：调色应注意哪些问题?

A：调色应注意以下3个问题。

- 尽量保持色彩自然，避免过于夸张导致观众视觉疲劳。
- 根据短视频剧情和场景选择合适的色彩方案。
- 注意短视频整体色调的连贯性，确保色彩和谐统一。

Q：什么是一级调色和二级调色？

A：一级调色是对整个画面整体进行的色彩调整。例如，调整画面整体的亮度、对比度、白平衡等。二级调色是对画面中的特定颜色区域进行精细化调整，比如人物肤色调整、背景颜色调整等。

Q：调色时如何避免色彩溢出或细节丢失的问题？

A：及时关注"Lumetri范围"面板中的波形监视器和矢量示波器。波形监视器显示了图像的亮度级别分布，帮助检查曝光是否准确。矢量示波器展示了色彩相对于色域的位置，以便观察色彩的饱和度和色相是否合适。这两项可以确保调整不会导致高光过曝或阴影完全黑掉，从而有效保留画面细节。同时合理利用视频限制器、广播颜色等效果，以防止色彩溢出问题。

Q：什么是白平衡？如何进行白平衡调整？

A：白平衡是电视摄像领域中一个重要的概念，是描述显示器中红、绿、蓝三基色混合后白色精确度的一项指标。其基本概念是在任何光源下，都能将白色物体还原为白色。在"Lumetri颜色"面板中展开"基本校正"选项组，或添加"Lumetri颜色"效果后，在"效果控件"面板中展开"基本校正"选项组，选择"白平衡"中的"色温""色彩"等选项调整即可。

Q：怎么进行局部调色？

A：添加调色效果后，结合蒙版选定需要局部调整的区域进行调色即可。

Q：怎么实现镜头间的颜色匹配？

A：利用颜色匹配，可以比较整个序列中两个不同镜头的外观，确保一个场景或多个场景中的颜色和光线外观匹配。单击"Lumetri颜色"面板"色轮和匹配"选项组中的"比较视图"按钮，选择参考帧后，单击"应用匹配"按钮，软件将自动应用Lumetri设置，匹配当前帧与参考帧的颜色。如果对结果不满意，则可以使用另一个镜头作为参考并再次匹配颜色，软件将覆盖先前所做的更改，与新参考镜头的颜色进行匹配。

第9章

视频效果

Premiere 中的视频效果是指一系列可以应用于视频剪辑或图层上的视觉效果。用户可以通过这些效果改变视频的外观、调整颜色，或为视频添加特殊的风格特色，使视频更具视觉吸引力。本章将重点介绍短视频视频效果的应用。

视频效果可以影响视频画面，使其呈现出更加精彩的视觉效果。在短视频制作过程中，用户可以为剪辑片段添加视频效果并进行设置。

9.1.1 视频效果组

使用视频效果，不仅可以修正和提高视频片段的质量，还可以创造出独特的视觉风格和感觉。视频效果是后期制作的重要组成部分，通过它们可以创造出具有专业外观和感觉的视觉内容。图9-1所示为Premiere Pro中的视频效果组，每个效果组又包含多种效果。图9-2所示为扭曲效果组中的效果。

图 9-1   图 9-2

其中部分常用视频效果简单介绍如下。

- 变换：包括一系列用于改变视频片段在画面中的方向、边缘羽化、大小等属性的效果。这些功能非常基础，但却是视频编辑中最常用和最重要的操作之一。
- 实用程序：仅包含"Cineon转换器"一种效果，可用于提高素材的明暗及对比度。
- 扭曲：主要用于变形视频图像，创造独特视觉风格。
- 时间：主要包括与时间相关的特效，可用于改变图像的帧速度、制作残影效果等。
- 杂色与颗粒：主要用于添加噪点、颗粒感等效果，模拟旧电影效果，增加视觉纹理和质感。
- 模糊与锐化：主要用于调整图像清晰度，包括增加模糊感和提高细节锐化。
- 生成：主要用于创建渐变、光晕等特殊的画面效果，以增强视觉表现力。
- 调整：主要用于优化视频画面质量和色彩表达。
- 过渡：主要用于提供应用于剪辑自身的过渡变化。
- 透视：主要用于模拟三维空间中的视角变换，提高视频的深度和动态感。
- 风格化：主要用于赋予视频独特视觉风格，增强创意表达和视觉吸引力。

在实际应用中，不仅可以使用系统内置的效果，即软件自带的视频效果，打开软件进行应用；还可以添加外挂效果，外挂视频效果为第三方提供的插件特效，一般需要自行安装使用。

9.1.2 编辑视频效果

在编辑视频效果之前，需要先将视频效果添加至素材上。用户可以直接将"效果"面板中的视频效果拖曳至"时间轴"面板中的素材上；也可以选中"时间轴"面板中的素材后，在"效果"面板中双击要添加的视频效果进行添加。

添加视频效果后，选中添加视频效果的素材，即可在"效果控件"面板中对其进行调整。图9-3所示为添加"高斯模糊"视频效果的"效果控件"面板。

用户可以根据需要对添加的"高斯模糊"视频效果的参数进行设置。其中，"模糊度"参数用于设置模糊程度；"模糊尺寸"参数用于设置模糊方向；"重复边缘像素"参数可以防止周围像素丢失。

图 9-3

> **提示：**
>
> 不同视频效果的参数设置各不相同，用户可以根据需要进行设置。除了添加的视频效果外，"效果控件"面板中还包括一些固有属性，其作用分别如下。
> - 运动：用于设置素材的位置、缩放、旋转等参数。
> - 不透明度：用于设置素材的不透明度，制作叠加、淡化等效果。
> - 时间重映射：用于设置素材的速度。

9.2 "变换"视频效果

"变换"视频效果组中的效果可以变换素材，使其产生翻转、羽化等变化。该效果组包括"垂直翻转""水平翻转""羽化边缘""自动重构""裁剪"5种效果。

9.2.1 垂直翻转

"垂直翻转"效果可以在垂直方向上翻转素材。图9-4所示为垂直翻转前后的对比效果。

图 9-4

9.2.2 水平翻转

"水平翻转"视频效果与"垂直翻转"视频效果类似，只是翻转方向变为水平。图9-5所示为水平翻转前后的对比效果。

图 9-5

9.2.3 羽化边缘

"羽化边缘"效果可以虚化素材边缘。图9-6所示为该效果的属性参数。用户可以通过"数量"参数调整素材边缘的羽化度。图9-7所示为羽化边缘后的效果。

图 9-6

图 9-7

9.2.4 自动重构

"自动重构"效果可以智能识别视频中的动作,并针对不同的长宽比重构剪辑。该效果多用于序列设置与素材不匹配的情况。图9-8所示为该效果的属性参数。图9-9所示为添加该效果前后的对比效果。

图 9-8

图 9-9

> 提示:
>
> 自动重构后,若对其效果不满意,还可在"效果控件"面板中进行调整。

9.2.5 裁剪

"裁剪"效果可以从画面的四个方向向内剪切素材,使其仅保留中心部分内容。图9-10所示为该效果的属性参数。

图 9-10

其中各选项功能介绍如下。
- 左侧/顶部/右侧/底部:用于设置各方向的裁剪量。数值越高,裁剪量越多。
- 缩放:勾选该复选框,将缩放素材使其满画面显示。
- 羽化边缘:用于设置裁剪后的边缘羽化程度。

实操案例：黑幕开场效果

使用"裁剪"效果可以轻松制作出短视频中常见的黑幕开场效果。下面结合"裁剪"效果和关键帧动画制作黑幕开场效果。

> 实例：黑幕开场效果
> 素材位置：配套资源\第9章\实操案例\素材\轮滑.mp4
> 实例效果：配套资源\第9章\实操案例\效果\开场.mp4

Step01：新建项目。按Ctrl+I组合键导入本案例素材文件，并将其拖曳至"时间轴"面板中创建序列，如图9-11所示。

Step02：将V1轨道上的素材移动至V2轨道上。在"项目"面板空白处单击鼠标右键，在弹出的快捷菜单中执行"新建项目>黑场视频"命令新建黑场视频素材，并将其添加至V1轨道上，如图9-12所示。

图 9-11

图 9-12

Step03：移动播放指示器至00:00:00:00处，在"效果"面板中搜索"裁剪"效果，并将其拖曳至V2轨道的素材上，在"效果控件"面板中设置"顶部"和"底部"均为50.0%，并添加关键帧，如图9-13所示。

Step04：移动播放指示器至00:00:02:18处，更改"顶部"和"底部"均为0.0%，软件将自动创建关键帧，如图9-14所示。

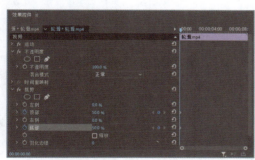

图 9-13

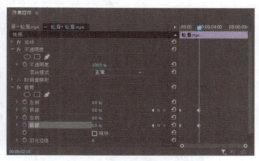

图 9-14

Step05：移动播放指示器至00:00:01:00处，使用"文字工具"在"节目监视器"面板中单击输入文字，在"效果控件"面板中设置文字参数，如图9-15所示。

Step06："节目监视器"面板中的预览效果如图9-16所示。

Step07：选中文字素材，在"视频"选项组中设置"不透明度"为0.0%，并添加关键帧，如图9-17所示。

Step08：移动播放指示器至00:00:02:00处，更改"不透明度"为100.0%，软件将自动创建关键帧。移动播放指示器至00:00:05:00处，单击"添加/移除关键帧"按钮添加关键帧。移动播放指示器至00:00:05:29处，更改"不透明度"为0.0%，软件将自动创建关键帧，如图9-18所示。

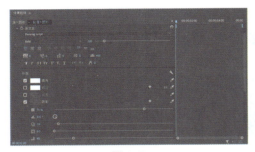

图 9-15

图 9-16

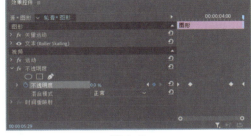

图 9-17

图 9-18

Step09：按空格键预览播放，效果如图9-19所示。

图 9-19

至此，完成黑幕开场效果的制作。

9.3 "实用程序"视频效果

　　"实用程序"视频效果组仅包括"Cineon转换器"一种视频效果。该效果可以控制素材的色彩转换。图9-20所示为添加该效果并调整前后的对比效果。

图 9-20

9.4 "扭曲"视频效果

　　"扭曲"视频效果组中的效果可以扭曲变形素材。该效果组包括"镜头扭曲""偏移"等12种效果。

9.4.1 镜头扭曲

"镜头扭曲"（Lens Distortion）视频效果可以使素材在水平和垂直方向上发生镜头畸变。添加该效果并调整前后的对比效果如图9-21所示。

图 9-21

9.4.2 偏移

"偏移"视频效果可以使素材在水平或垂直方向上产生位移。图9-22所示为该效果的属性参数。

其中各选项功能介绍如下。

图 9-22

● 将中心移位至：用于设置画面中心偏移位置。

● 与原始图像混合：用于设置偏移后的图像与原始图像混合的程度。

图9-23所示为添加该效果并调整前后的对比效果。

图 9-23

9.4.3 变形稳定器

"变形稳定器"效果可以消除素材中由摄像机移动造成的抖动，使素材流畅稳定。

9.4.4 变换

"变换"效果类似于素材的固有属性，可以设置素材的位置、大小、角度、不透明度等参数。添加该效果并调整前后的对比效果如图9-24所示。

图 9-24

9.4.5 放大

"放大"效果可以模拟放大镜效果放大素材局部。添加该效果并调整前后的对比效果如图9-25所示。

图 9-25

9.4.6 旋转扭曲

"旋转扭曲"效果可以使对象围绕设置的旋转中心发生旋转变形的效果。添加该效果并调整前后的对比效果如图9-26所示。

图 9-26

9.4.7 果冻效应修复

"果冻效应修复"效果可以修复由时间延迟导致的录制不同步的果冻效应扭曲。

9.4.8 波形变形

"波形变形"视频效果可以模拟出波纹扭曲的动态效果。添加该效果并调整前后的对比效果如图9-27所示。

图 9-27

9.4.9 湍流置换

"湍流置换"效果可以使素材在多个方向上发生扭曲变形。添加该效果并调整前后的对比效果如图9-28所示。用户可以结合关键帧制作图像不断扭动的效果。

图 9-28

9.4.10 球面化

"球面化"效果可以模拟球面凸起的效果。将该效果拖曳至素材上，在"效果控件"面板中设置球面中心及半径即可制作出球面化效果。

9.4.11 边角定位

"边角定位"效果可以自定义图像的四个边角位置。添加该效果后，在"效果控件"面板中设置四个边角坐标即可。

9.4.12 镜像

"镜像"效果可以根据反射中心和反射角度对称翻转素材，使其产生镜像效果。添加该效果并调整前后的对比效果如图9-29所示。

图 9-29

9.4.13 实操案例：老电视播放效果

扭曲类视频效果可以变形素材，制作出有趣的画面效果。下面结合"镜头扭曲""波形变形"等效果制作老电视播放效果。

> 实例：老电视播放效果
> 素材位置：配套资源＼第9章＼实操案例＼素材＼电视.jpg、狗.mp4
> 实例效果：配套资源＼第9章＼实操案例＼效果＼老电视.mp4

Step01：新建项目。按Ctrl+I组合键导入本案例素材文件，将图像素材拖曳至"时间轴"面板中创建序列，如图9-30所示。

Step02：将V1轨道上的素材移动至V2轨道上。将视频素材拖曳至V3轨道上，调整图像素材的持续时间与视频素材一致，如图9-31所示。

图 9-30

图 9-31

Step03：在"效果"面板中搜索"镜头扭曲"效果，并拖曳至V3轨道的素材上，在"效果控件"面板中设置参数，如图9-32所示。效果如图9-33所示。

Step04：搜索"边角定位"效果，并拖曳至V3轨道的素材上，在"效果控件"面板中设置参数，如图9-34所示。效果如图9-35所示。

图 9-32

图 9-33

图 9-34

图 9-35

Step05：搜索"波形变形"效果，并拖曳至V3轨道的素材上，在"效果控件"面板中设置参数，如图9-36所示。效果如图9-37所示。

图 9-36

图 9-37

Step06：将V3轨道上的素材移动至V1轨道上。在"效果"面板中搜索"超级键"效果，并拖曳至V2轨道的素材上，在"效果控件"面板中设置"主要颜色"为电视屏幕中的颜色，本案例吸取颜色为#AEBABF，如图9-38所示。效果如图9-39所示。

图 9-38

图 9-39

Step07：单击"超级键"选项组中的"创建4点多边形蒙版" ■按钮，在"节目监视器"面板中调整蒙版，如图9-40所示。

Step08：在"效果控件"面板中设置"蒙版羽化"和"蒙版不透明度"，如图9-41所示。

图 9-40

图 9-41

Step09：按Enter键渲染预览，效果如图9-42所示。

图 9-42

至此，完成老电视播放效果的制作。

9.5 "时间"视频效果

"时间"视频效果组中的效果可以控制素材的时间特效，制作运动模糊、残影等效果。该效果组包括"像素运动模糊""时间扭曲""残影""色调分离时间"4种效果。

9.5.1 像素运动模糊

"像素运动模糊"效果可以模拟像素运动的模糊效果。图9-43所示为该效果的属性参数。

其中各选项功能介绍如下。

● 快门控制：用于控制快门模式，包括手动和自动2种。

图 9-43

● 快门角度：用于设置快门角度。数值越高，快门速度越慢。

● 快门采样：用于对快门进行取样以进行综合性运算。

● 矢量详细信息：矢量数据一般通过记录坐标的方式来控制画面中的像素点。

9.5.2 时间扭曲

"时间扭曲"效果可以精确控制各种参数，改变素材回放速度。图9-44所示为该效果的属性参数。

其中部分选项功能介绍如下。

● 速度：用于在播放时调整时间扭曲的快慢。

● 调节：用于调节画面的平滑程度及明暗程度。

● 运动模糊：用于模拟快门在拍摄时的运动模糊度。

● 源裁剪：用于设置画面中像素的裁剪面积。

图 9-44

9.5.3　残影

"残影"效果可以制作运动对象的重影效果，即通过混合运动素材中不同帧的像素，将运动素材中前几帧的图像以半透明的形式覆盖在当前帧上。添加该效果并调整前后的对比效果如图9-45所示。

图 9-45

> 提示：
> 　　默认情况下，应用"残影"效果时将忽略任何事先应用的效果。

9.5.4　色调分离时间

"色调分离时间"效果可以制作自然的抽帧卡顿效果。用户可以通过降低帧速率制作抽帧效果。图9-46所示为该效果的属性参数。

图 9-46

9.6　"杂色与颗粒"视频效果

"杂色与颗粒"视频效果组仅包括"杂色"一种视频效果。该效果可以在图像上添加噪点。添加该效果并调整前后的对比效果如图9-47所示。

图 9-47

9.7　"模糊与锐化"视频效果

"模糊与锐化"视频效果组中的效果可以通过调节素材图像间的差异模糊图像，使其更加柔化或锐化，纹理更加清晰。该效果组包括"相机模糊""方向模糊""锐化"等6种效果。

9.7.1 相机模糊

"相机模糊"（Camera Blur）效果可以模拟离开相机焦点范围的图像模糊的效果。添加该效果并调整前后的对比效果如图9-48所示。用户还可以在"效果控件"面板中设置模糊量，自定义模糊效果。

图 9-48

9.7.2 减少交错闪烁

"减少交错闪烁"效果可以降低高纵向频率，多用于处理交错素材。

9.7.3 方向模糊

"方向模糊"效果可以制作出指定方向上的模糊效果。添加该效果并调整前后的对比效果如图9-49所示。

图 9-49

9.7.4 钝化蒙版

"钝化蒙版"效果可以通过提高素材画面中相邻像素的对比度，清晰锐化素材图像。添加该效果并调整前后的对比效果如图9-50所示。

图 9-50

9.7.5 锐化

"锐化"效果可以提高图像颜色间的对比度，使图像变得清晰。添加该效果并调整前后的对比效果如图9-51所示。

图 9-51

9.7.6 高斯模糊

"高斯模糊"效果可以减少图像细节，柔化素材对象，是一种较为常用的模糊效果。添加该效果并调整前后的对比效果如图9-52所示。

图 9-52

> **提示：**
>
> 勾选"重复边缘像素"复选框，可以避免素材边缘缺失。

9.7.7 AIGC 实操案例：方向模糊转场效果

转场效果可以增加视频的连贯性，推动情节发展。下面通过"方向模糊"效果和关键帧动画制作方向模糊转场效果。

> 实例：方向模糊转场效果
> 素材位置：配套资源\第9章\实操案例\素材\咻.mp3、滑雪.jpg、滑雪水彩.jpg
> 实例效果：配套资源\第9章\实操案例\效果\转场.mp4

1. DeepSeek 操作方案

通过DeepSeek可以提供短视频的操作方案。以本案例为例，在DeepSeek对话框中输入以下内容。

提问：Premiere怎么制作方向模糊转场效果？

内容生成如下。

在Adobe Premiere Pro中制作方向模糊转场效果，可以通过结合方向模糊效果和关键帧动画实现。以下是详细步骤。

步骤1：准备素材

1. 将两段需要过渡的视频剪辑放在时间轴轨道上（例如轨道V1）。

2. 确保两段剪辑之间有重叠或相邻（根据转场时长调整位置）。

步骤2：创建调整图层

1. 单击菜单栏文件＞新建＞调整图层，创建一个与序列分辨率匹配的调整图层。

2. 将调整图层拖到时间轴的上一层轨道（如V2），覆盖在两段视频的交接处（调整长度以匹配转场时长，例如1~2秒）。

步骤3：添加方向模糊效果

1. 在效果面板中搜索"方向模糊"（Directional Blur），将其拖到调整图层上。

2. 在效果控件面板中调整参数。

● 方向（Direction）：设置模糊方向（例如水平方向设为0°，垂直方向设为90°）。

● 模糊长度（Blur Length）：控制模糊强度。

步骤4：设置关键帧动画

1. 将播放头移到调整图层的起始位置，单击模糊长度前的秒表图标（激活关键帧），设置初始值为0。

2. 将播放头移到调整图层中间位置，将模糊长度调高（例如50~100，根据效果调整）。

3. 将播放头移到调整图层结束位置，将模糊长度调回0。

● 这样会生成一个"模糊出现再消失"的动画效果。

步骤5：优化过渡效果（可选）

1.添加渐变擦除：在调整图层上叠加"渐变擦除"过渡效果，让模糊与画面切换更同步。

2.调整速度曲线：鼠标右键单击关键帧，选择"贝塞尔曲线"或"自动贝塞尔曲线"，让模糊变化更平滑。

3.混合模式：尝试调整调整图层的混合模式（如"滤色"或"叠加"）增强视觉效果。

步骤6：渲染预览

1. 按Enter键渲染时间轴，预览最终效果。

2. 如需调整，可返回修改模糊参数、关键帧位置或转场时长。

替代方法：使用动态模糊过渡插件

如果追求更高效的效果，可以安装第三方插件（如FilmImpact Transition Packs 或Red Giant Universe），直接使用预设的"动态模糊转场"。

通过以上步骤，你可以实现一个从模糊到清晰的方向性转场效果，适用于科技感、运动感或节奏感强烈的视频剪辑场景。

参考生成内容，进行后续的案例制作。

2. Premiere 视频制作

Step01：新建项目，按Ctrl+I组合键导入本章素材文件，并将图像素材拖曳至"时间轴"面板中创建序列，如图9-53所示。

Step02：调整V1轨道每段素材的持续时间均为2秒，如图9-54所示。

图 9-53

图 9-54

Step03：将音频素材拖曳至A1轨道，如图9-55所示。

Step04：在"效果"面板中搜索"交叉溶解"视频过渡效果，拖曳至V1轨道两段素材相交处，在"效果控件"面板中调整其持续时间为18帧，如图9-56所示。

图 9-55

图 9-56

Step05：在"项目"面板中新建调整图层素材，并添加至V2轨道中，调整其持续时间与视频过渡效果一致，如图9-57所示。

Step06：在"效果"面板中搜索"方向模糊"视频效果，拖曳至V2轨道素材上，在"效果控件"面板中设置"方向"为90.0°，并添加"模糊长度"参数的关键帧，如图9-58所示。

Step07：移动播放指示器至00:00:02:00处，更改"模糊长度"参数为200.0，软件将自动添加关键帧，如图9-59所示。

Step08：使用相同的方法，在00:00:02:09处更改"模糊长度"参数为0.0，软件将自动添加关键帧，如图9-60所示。

图 9-57

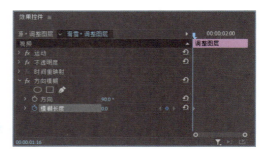

图 9-58

图 9-59

图 9-60

Step09：按Enter键渲染预览，效果如图9-61所示。

至此，完成方向模糊转场效果的制作。

图 9-61

9.8 "生成"视频效果

"生成"视频效果组中的效果可以生成一些特殊效果，丰富影片画面内容。该效果组包括"四色渐变""渐变""镜头光晕""闪电"4种效果。

9.8.1 四色渐变

"四色渐变"效果可以用四种颜色的渐变覆盖整个画面。用户可以在"效果控件"面板中设置四个颜色点的坐标、颜色、混合等参数。图9-62所示为该效果的属性参数。

添加该效果并调整前后的对比效果如图9-63所示。

图 9-62

短视频剪辑、调色与特效制作（全彩微课版）　——DeepSeek+Premiere

图 9-63

9.8.2　渐变

　　"渐变"效果可以在素材画面中添加双色渐变。图9-64所示为该效果的属性参数。用户可以设置渐变起点和终点的坐标，以及颜色调整渐变效果。

图 9-64

9.8.3　镜头光晕

　　"镜头光晕"效果可以模拟制作出镜头拍摄的强光折射效果。添加该效果并调整前后的对比效果如图9-65所示。

图 9-65

9.8.4　闪电

　　"闪电"效果可以模拟制作出闪电的效果。将该效果拖曳至素材上，即可在"节目监视器"面板中观察到闪电效果。用户还可以在"效果控件"面板中细致调整，以满足制作需要。添加该效果并调整前后的对比效果如图9-66所示。

图 9-66

9.8.5　实操案例：四色唯美色调

　　"四色渐变"效果搭配混合模式，可以赋予画面不同的视觉效果。下面结合"四色渐变"效果和"镜头光晕"效果制作唯美色调效果。

> 实例：四色唯美色调
> 素材位置：配套资源＼第9章＼实操案例＼素材＼单板滑雪.jpg
> 实例效果：配套资源＼第9章＼实操案例＼效果＼四色唯美色调.gif

　　Step01：新建项目，按Ctrl+I组合键导入本案例素材文件，并将图像素材拖曳至"时间轴"面板中创建序列，如图9-67所示。

Step02：在“项目”面板中新建调整图层素材，并添加至V2轨道上，调整其持续时间与V1轨道上的素材一致，如图9-68所示。

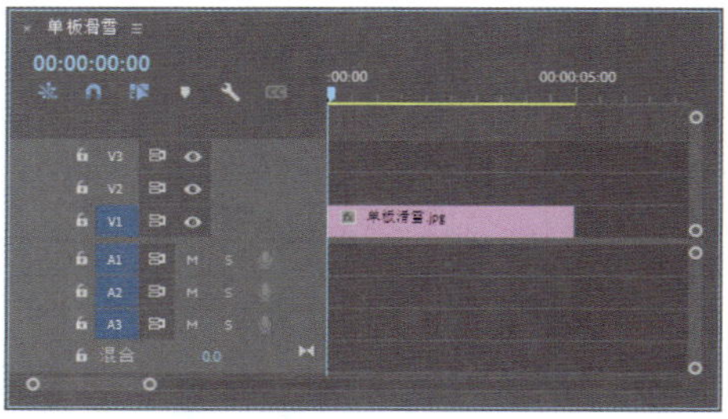

图 9-67

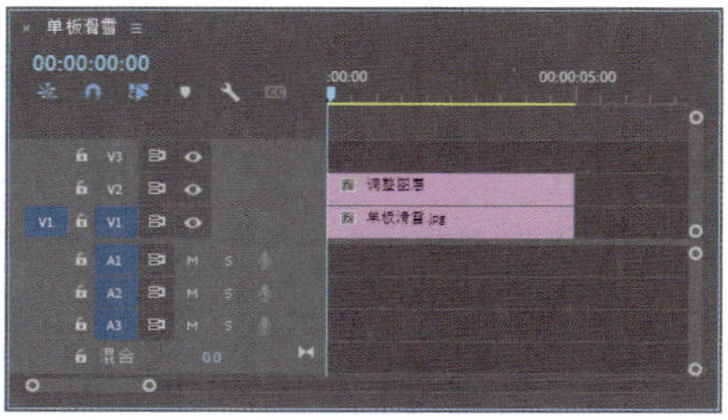

图 9-68

Step03：在“效果”面板中搜索“四色渐变”效果，并拖曳至V2轨道的素材上，在“效果控件”面板中设置参数，如图9-69所示。效果如图9-70所示。

Step04：单击“四色渐变”选项组中的“创建椭圆形蒙版”按钮创建蒙版，勾选“已反转”复选框，在“节目监视器”面板中调整蒙版及羽化效果，效果如图9-71所示。

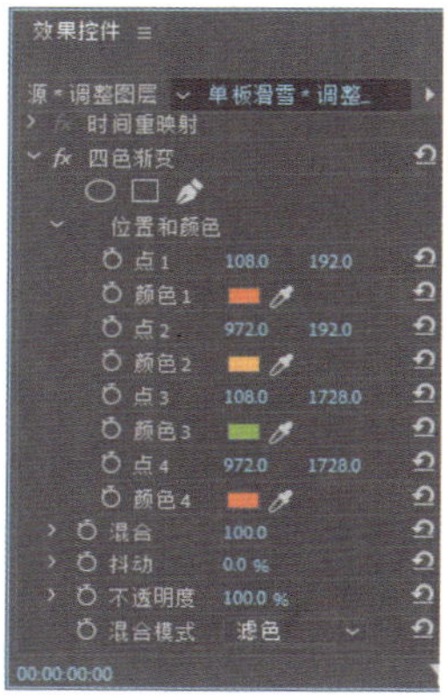

图 9-69

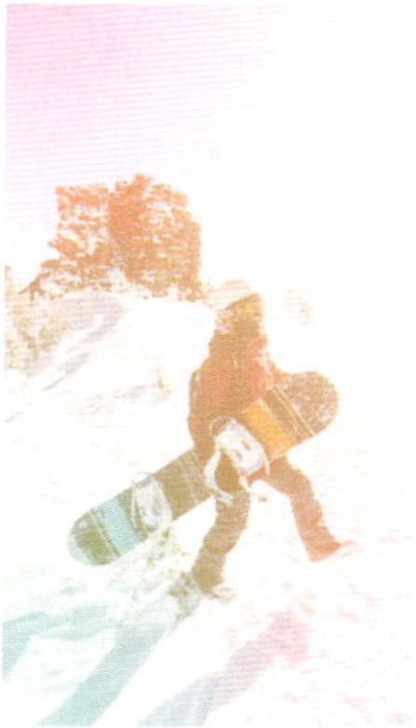

图 9-70

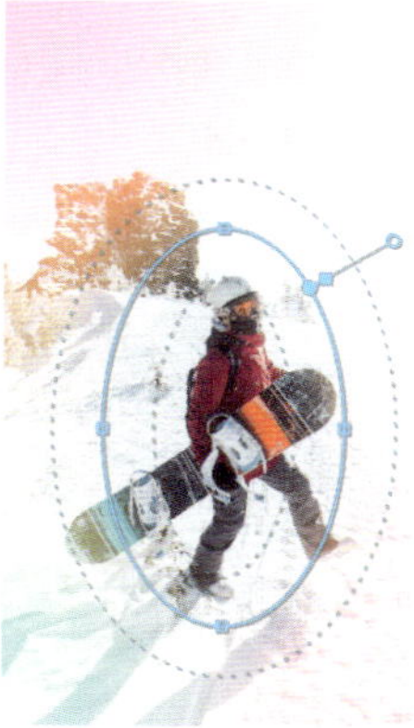

图 9-71

Step05：移动播放指示器至00:00:00:00处，更改“四色渐变”选项组中的“不透明度”为0.0%，并添加关键帧，如图9-72所示。

Step06：移动播放指示器至00:00:04:00处，更改“四色渐变”选项组中的“不透明度”为100.0%，软件将自动创建关键帧，如图9-73所示。

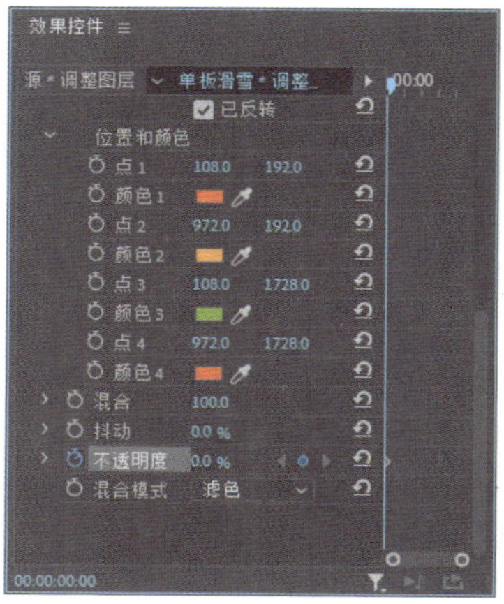

图 9-72

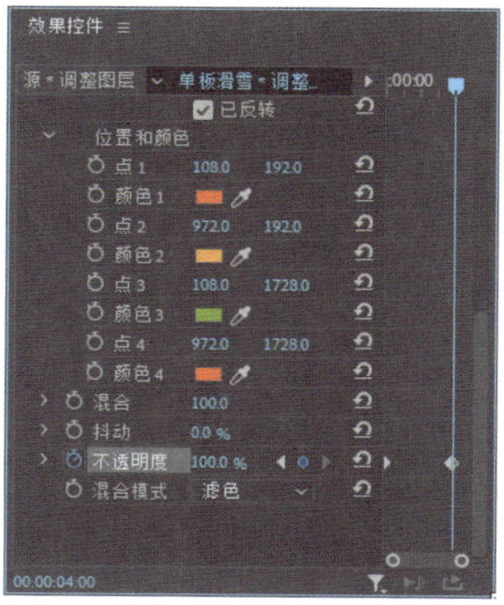

图 9-73

Step07：按空格键预览播放，效果如图9-74所示。

图 9-74

至此，完成四色唯美色调的调整。

9.9 "调整"视频效果

"调整"视频效果组中的效果可以修复原始素材在曝光、色彩等方面的不足，也可用于制作特殊的色彩效果。该效果组包括"提取""色阶""ProcAmp""光照效果"4种效果。

9.9.1 提取

"提取"（Extract）效果可以去除素材颜色，使其呈黑白图像显示。添加该效果前后的对比效果如图9-75所示。

图 9-75

9.9.2 色阶

"色阶"（Levels）效果是通过调整RGB通道的色阶调整图像效果。添加该效果并调整前后的对比效果如图9-76所示。

图 9-76

9.9.3 ProcAmp

"ProcAmp"效果可以模拟标准电视设备上的处理放大器，调节素材图像整体的亮度、对比度、饱和度等参数。添加该效果并调整前后的对比效果如图9-77所示。

图 9-77

9.9.4 光照效果

"光照效果"可以模拟灯光打在素材上的效果。添加该效果后，即可在"节目监视器"面板中观察效果。用户也可以在"效果控件"面板中进一步调整。图9-78所示为该效果的属性参数。其中，"凹凸层"参数可以使用其他素材中的纹理或图案产生特殊光照效果。

图 9-78

9.10 "过渡"视频效果

"过渡"视频效果组中的效果可以结合关键帧制作过渡效果。该效果组包括"块溶解""渐变擦除""线性擦除"3种效果。

9.10.1 块溶解

"块溶解"效果类似于"随机块"视频过渡效果。用户可以设置添加该效果的素材以随机小方块的形式溶解，从而显示下方对象，如图9-79所示。

用户在"效果控件"面板中可以对过渡完成度、块大小等进行进一步设置，如图9-80所示。

图 9-79

图 9-80

9.10.2 渐变擦除

"渐变擦除"效果可以基于设置视频轨道上的像素的明亮度使素材消失。添加该效果后，在"效果控件"面板中设置参数，即可在"节目监视器"面板中观察效果，如图9-81所示。

图 9-81

9.10.3 线性擦除

"线性擦除"效果可以沿指定方向擦除当前素材。添加该效果后，在"效果控件"面板中设置参数，即可在"节目监视器"面板中观察效果，如图9-82所示。

图 9-82

9.11 "透视"视频效果

"透视"视频效果组中的效果可以制作空间透视效果。该效果组包括"基本3D"和"投影"2种效果。

9.11.1 基本 3D

"基本3D"效果可以模拟平面图像在3D空间中运动的效果。用户可以围绕水平、垂直轴旋转素材，或移动素材。添加该效果并调整前后的对比效果如图9-83所示。

图 9-83

9.11.2 投影

"投影"效果可以制作图像阴影。添加该效果并调整前后的对比效果如图9-84所示。

图 9-84

在"效果控件"面板中还可以对投影效果进行进一步设置。图9-85所示为"投影"效果的参数选项。

图 9-85

9.11.3 实操案例：玻璃划过效果

在学习常用视频效果之前，大家可以跟随以下案例掌握"轨道遮罩键"视频效果和"投影"视频效果的应用。

> 实例：玻璃划过效果
> 素材位置：配套资源\第9章\实操案例\素材\玻璃划过.mov、配乐.wav
> 实例效果：配套资源\第9章\实操案例\效果\玻璃划过.mp4

Step01：新建项目和序列。按Ctrl+I组合键，打开"导入"对话框导入本章音视频素材文件，如图9-86所示。

Step02：将音视频素材拖曳至"时间轴"面板中的V1轨道上，按住Alt键向上拖曳复制至V2轨道上，如图9-87所示。

Step03：使用"矩形工具"在"节目监视器"面板中绘制一个矩形，并旋转调整，效果如图9-88所示。此时V3轨道上自动出现矩形素材，调整矩形素材的持续时间与V1、V2轨道上的素材一致。

Step04：在"效果"面板中搜索"轨道遮罩键"视频效果，并拖曳至V2轨道的素材上，在"效果控件"面板中设置"缩放"为120.0%，"遮罩"为轨道3，效果如图9-89所示。

图 9-86

图 9-87

图 9-88

图 9-89

Step05：在"效果"面板中搜索"投影"效果，并拖曳至V2轨道的素材上，在"效果控件"面板中设置参数，如图9-90所示。效果如图9-91所示。

图 9-90

图 9-91

Step06：再次将"投影"效果拖曳至V2轨道的素材上，在"效果控件"面板中设置参数，如图9-92所示。效果如图9-93所示。

图 9-92

图 9-93

Step07：在"效果"面板中搜索"颜色平衡（HLS）"视频效果，并拖曳至V2轨道的素材上，在"效果控件"面板中设置参数，如图9-94所示。效果如图9-95所示。

图 9-94

图 9-95

Step08：在"效果"面板中搜索"变换"视频效果，并拖曳至V3轨道的素材上，移动播放指示器至00:00:00:00处，在"效果控件"面板中单击"变换"效果中"位置"参数左侧的"切换动画"⚙️按钮添加关键帧，调整数值使矩形完全向左移出画面，效果如图9-96所示。

Step09：移动播放指示器至00:00:03:00处，调整"位置"参数，软件将自动添加关键帧，效果如图9-97所示。

图 9-96   图 9-97

Step10：移动播放指示器至00:00:04:00处，调整"位置"参数，软件将自动添加关键帧，效果如图9-98所示。

Step11：移动播放指示器至00:00:07:00处，调整"位置"参数，使矩形完全向右移出画面，软件将自动添加关键帧，效果如图9-99所示。

图 9-98   图 9-99

Step12：选中所有关键帧，单击鼠标右键，在弹出的快捷菜单中执行"临时插值>缓入"和"临时插值>缓出"命令，使运动更加平滑。将音频素材拖曳至A1轨道上，调整其持续时间与V1轨道上的素材一致，如图9-100所示。

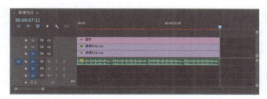

图 9-100

Step13：至此，完成玻璃划过效果的制作。按Enter键渲染入点至出点的效果，渲染完成后在"节目监视器"面板中预览，效果如图9-101所示。

图 9-101

9.12 "风格化"视频效果

"风格化"视频效果组中的效果可以制作艺术化效果，使素材图像产生独特的艺术风格。该效果组包括"Alpha发光""复制""查找边缘"等9种效果。

9.12.1 Alpha 发光

"Alpha发光"效果可以在蒙版Alpha通道的边缘添加单色或双色过渡的发光效果。添加该效果并调整前后的对比效果如图9-102所示。

图 9-102

9.12.2 复制

"复制"（Replicate）效果可以复制并平铺素材图像。添加该效果并调整前后的对比效果如图9-103所示。

图 9-103

9.12.3 彩色浮雕

"彩色浮雕"效果可以锐化图像中对象的边缘，制作出浮雕的效果。添加该效果后，即可在"节目监视器"面板中观察效果，同时还可以在"效果控件"面板中进行进一步设置。

9.12.4 查找边缘

"查找边缘"效果可以识别素材图像中有明显过渡的图像区域并突出边缘，制作出线条图效果。添加该效果并调整前后的对比效果如图9-104所示。

图 9-104

9.12.5 画笔描边

"画笔描边"效果可以模拟制作出粗糙的绘画外观效果。图9-105所示为该效果的属性参数。用户可以通过这些参数设置画面的最终显示效果。

图 9-105

短视频剪辑、调色与特效制作（全彩微课版）

——DeepSeek+Premiere

9.12.6 粗糙边缘

"粗糙边缘"效果可以粗糙化素材图像的边缘。添加该效果并调整前后的对比效果如图9-106所示。

图 9-106

9.12.7 色调分离

"色调分离"效果可以简化素材图像中具有丰富色阶渐变的颜色，使图像呈现出木刻版画或卡通画的效果。添加该效果并调整前后的对比效果如图9-107所示。

图 9-107

9.12.8 闪光灯

"闪光灯"效果可以模拟闪光灯制作出播放闪烁的效果。添加该效果后，播放视频即可观察效果。在"效果控件"面板中还可对闪光灯的颜色、持续时间等参数进行设置。图9-108所示为该效果的属性参数。

图 9-108

9.12.9 马赛克

"马赛克"效果是使用纯色矩形填充素材，像素化原始图像。添加该效果并调整前后的对比效果如图9-109所示。用户还可以在"效果控件"面板中设置矩形块水平和垂直方向上的数量以调整马赛克效果。

图 9-109

9.12.10 实操案例：消散的文字效果

使用"风格化"视频效果可以轻松制作出不同特色的视觉效果。下面结合"风格化"效果组中的"粗糙边缘"效果和关键帧制作消散的文字效果。

实例：消散的文字效果
素材位置：配套资源＼第9章＼实操案例＼素材＼滑雪.mp4
实例效果：配套资源＼第9章＼实操案例＼效果＼消散文字.mp4

Step01：新建项目。按Ctrl+I组合键导入本案例素材文件，并将其拖曳至"时间轴"面板中创建序列，如图9-110所示。

Step02：使用"文字工具"在"节目监视器"面板中单击输入文字，在"效果控件"面板中设置参数，如图9-111所示。效果如图9-112所示。

图 9-110

图 9-111

Step03：移动播放指示器至00:00:03:00处，在"效果"面板中搜索"粗糙边缘"效果，并拖曳至文字素材上，在"效果控件"面板中设置参数，并为"边框"参数添加关键帧，如图9-113所示。

图 9-112

图 9-113

Step04：移动播放指示器至00:00:04:24处，设置"边框"为210.00，软件将自动创建关键帧，如图9-114所示。

Step05：此时"节目监视器"面板中的效果如图9-115所示。

图 9-114

图 9-115

Step06：选中关键帧，单击鼠标右键，在弹出的快捷菜单中执行"缓入"和"缓出"命令，平滑变化效果。按Enter键测试预览，效果如图9-116所示。

图 9-116

至此，完成文字消散动画的制作。

9.13 AIGC 案例实战：短视频谢幕效果

本案例实战练习制作短视频谢幕效果。综合练习本章的知识点，以熟练掌握和巩固素材的操作。下面对具体操作思路进行介绍。

实例：短视频谢幕效果
素材位置：配套资源 \ 第9章 \ 案例实战 \ 素材 \ 配乐.wav、星空.mov、
　　　　　演职人员表.txt
实例效果：配套资源 \ 第9章 \ 案例实战 \ 效果 \ 谢幕.mp4

1. DeepSeek 文案生成

通过DeepSeek可以生成短视频所需文案。以短视频谢幕名单为例，在DeepSeek对话框中输入以下内容。

提问：请为短视频提供一份谢幕名单。

内容生成如下。

以下是一个适用于短视频的通用谢幕名单模板，您可以根据实际内容调整顺序和条目：

【谢幕名单】

（建议搭配舒缓音乐＋动态滚动效果）

主演

领衔主演：×××

特别出演：×××

友情出演：×××

制作团队

导演/监制：×××

编剧/策划：×××

制片人：×××

执行制片：×××

摄影指导：×××

灯光师：×××

场记/花絮：×××

后期制作

剪辑师：×××

调色师：×××

特效/动画：×××

音效设计：×××

配乐来源：×××（注明版权方或音乐平台）

特别鸣谢

场地支持：×××单位/个人

道具/服装支持：×××

技术指导：×××

特别合作品牌：×××

版权声明

本视频素材均为原创/已获授权

未经许可禁止转载或商用

© 2024 [你的团队/品牌名称] 版权所有

终

（可加团队Logo或Slogan）

排版建议：

1. 字体选择清晰的无衬线字体（如黑体）

2. 主创人员姓名字号大于职位字号

3. 滚动速度控制在5~8秒内完成

4. 可添加半透明黑色背景提升文字可读性

5. 结尾保留至少2秒静态Logo画面

注意事项：

● 根据视频时长精简名单（短视频建议不超过30秒）

● 若有赞助商可单独用图标+文字展示

● 可添加二维码/社交媒体账号引导关注

● 整体风格需与视频调性统一（如科技感/复古/手写字体等）

需要更具体风格（如文艺风、科技感、手绘动画等）可告诉我视频主题，提供定制化建议！

参考生成内容，制作短视频谢幕名单。

2. Premiere 视频制作

Step01：打开Premiere软件，新建项目和序列。按Ctrl+I组合键，打开"导入"对话框导入本章音视频素材文件，如图9-117所示。

Step02：将视频素材拖曳至"时间轴"面板中的V1轨道中，按住Alt键向上拖曳复制至V2轨道中，如图9-118所示。

图 9-117

图 9-118

Step03：在"效果"面板中搜索"基本3D"视频效果，拖曳至V2轨道的素材上。移动播放指示器至00:00:00:00处，在"效果控件"面板中单击"运动"效果"位置"的参数及"基本3D"效果"旋转"和"与图像的距离"参数左侧的"切换动画" ⑥ 按钮，添加关键帧，如图9-119所示。

Step04：移动播放指示器至00:00:02:00处，调整"运动"效果的"位置"参数、"基本3D"效果的"旋转"参数和"与图像的距离"参数，软件将自动添加关键帧，如图9-120所示。选中所有关键帧，单击鼠标右键，执行"临时插值>缓入"和"临时插值>缓出"命令，使运动更加平滑。

图 9-119   图 9-120

Step05：在"效果"面板中搜索"投影"视频效果，拖曳至V2轨道素材上，在"效果控件"面板中设置参数，如图9-121所示。效果如图9-122所示。

图 9-121

图 9-122

Step06：再次添加"投影"效果至V2轨道素材上，并设置参数，如图9-123所示。效果如图9-124所示。

图 9-123

图 9-124

Step07：在"时间轴"面板中单击V2轨道中的"切换轨道输出" 👁 按钮隐藏V2轨道内容。在"效果"面板中搜索"高斯模糊"视频效果，拖曳至V1轨道素材上，移动播放指示器至00:00:00:00处，单击"模糊度"参数左侧的"切换动画" 🔘 按钮添加关键帧；移动播放指示器至00:00:02:00处，调整"模糊度"参数为200.0，软件将自动添加关键帧，在"节目"监视器面板中预览效果如图9-125所示。

Step08：在"效果"面板中搜索"颜色平衡（HLS）"视频效果拖曳至V1轨道素材上，移动播放指示器至00:00:00:00处，单击"饱和度"参数左侧的"切换动画" 🔘 按钮添加关键帧；移动播放指示器至00:00:02:00处，调整"饱和度"参数为−30.0，软件将自动添加关键帧，在"节目"监视器面板中预览效果如图9-126所示。

图 9-125

图 9-126

Step09：显示V2轨道视频。打开本章素材文件"演职人员表.txt"，按Ctrl+A组合键全选，按Ctrl+C组合键复制。切换至Premiere软件中，移动播放指示器至00:00:02:00处，选择文字工具，在"节目"监视器面板中单击显示文本框，按Ctrl+V组合键粘贴复制的文字，如图9-127所示。

Step10：在"基本图形"面板中选中文字图层，设置文字参数，如图9-128、图9-129所示。效果如图9-130所示。

图 9-127

图 9-128

图 9-129

图 9-130

Step11：在"基本图形"面板中的空白处单击，取消选中文字图层，选择"滚动"复选框，并选择"启动屏幕外"和"结束屏幕外"复选框，制作滚动字幕效果，如图9-131所示。

图 9-131

Step12：在"时间轴"面板中调整文字素材结尾处与V2素材一致，如图9-132所示。

Step13：将音频素材拖曳至A1轨道中，使用剃刀工具修剪音频素材，使其与V1轨道素材的持续时间一致，在"效果"面板中搜索"恒定功率"音频过渡效果，并拖曳至A1轨道素材末端，如图9-133所示。

图 9-132

图 9-133

Step14：至此，完成短视频谢幕效果的制作。按Enter键渲染预览，效果如图9-134所示。

短视频剪辑、调色与特效制作（全彩微课版）——DeepSeek+Premiere

图 9-134

9.14 知识拓展

Q：为什么要使用视频效果？

A：在制作短视频时，除了对素材进行基本的编辑外，还可以为素材添加软件预设的视频效果，以提高画面的美观性和视觉冲击力，获得更好的播放效果。

Q："效果"面板中的"视频过渡"和"视频效果"中的"过渡"效果组的区别是什么？

A："视频过渡"主要用于剪辑之间的连接和转换，以创建连贯的剪辑流和叙事。"视频效果"中的"过渡"效果组则包含了可以单独应用于某个剪辑的视觉效果，可用于改变或增强剪辑的视觉特性。

Q：什么是外挂视频特效？常用的有哪些？

A：外挂视频特效是指第三方提供的插件特效，一般需要自行安装。用户可以使用不同的外挂视频特效制作出Premiere软件自身不易制作或无法实现的某些特效。常用的Premiere软件视频外挂特效包括红巨人调色插件、红巨星粒子插件、人像磨皮插件Beauty Box、蓝宝石特效插件系列GenArts Sapphire等。用户可以根据需要安装不同的外挂视频特效。

Q：如何保存自定义的视频效果？

A：添加并调整视频效果后，在"效果控件"面板中选择视频效果选项组，单击鼠标右键，在弹出的快捷菜单中执行"保存预设"命令，根据提示完成操作后，就可以将其保存在"效果"面板的"预设"效果组中。

Q：怎么复制效果？

A：选中源素材，在"效果控件"面板中选中要复制的效果，单击鼠标右键，在弹出的快捷菜单中执行"复制"命令，选中目标素材，在"效果控件"面板中单击鼠标右键，在弹出的快捷菜单中执行"粘贴"命令即可复制选中的效果。如果效果包括关键帧，则这些关键帧将从目标素材的起始位置算起，出现在目标素材中的对应位置。如果目标素材比源素材短，则将在超出目标素材出点的位置粘贴关键帧。

用户也可以在"时间轴"面板中选中源素材，单击鼠标右键，在弹出的快捷菜单中执行"复制"命令，选中目标素材，单击鼠标右键，在弹出的快捷菜单中执行"粘贴属性"命令，打开"粘贴属性"对话框，在其中选择要粘贴的属性，单击"确定"按钮复制效果。

Q：如何移除应用的视频效果？

A：在"效果控件"面板中选择视频效果选项组，按Delete键删除即可。

Q：视频效果可以组合使用吗？

A：同一个剪辑上可以组合使用多个视频效果。要注意的是，效果的应用顺序可能会影响最终的视觉结果。

第10章
视频过渡

视频过渡是短视频中常用的效果，可以增强视觉连续性，使短视频更具表现力。用户既可以在素材的首尾位置添加视频过渡，又可以在两个素材之间添加视频过渡，不同的视频过渡也会呈现出不一样的视觉效果。本章将对此进行介绍。

10.1 视频过渡效果的编辑

视频过渡可以在两个相邻的素材之间添加平滑的转场效果，使素材与素材之间的连接流畅自然。Premiere Pro预设了多种常用的视频过渡效果，这些过渡效果的添加与编辑过程基本一致，下面对此进行介绍。

10.1.1 添加视频过渡效果

软件中的视频过渡效果集中在"效果"面板中，用户从该面板中找到要添加的视频过渡效果，拖曳至"时间轴"面板中的素材入点或出点处即可。图10-1所示为交叉溶解视频过渡的效果。

图 10-1

用户也可以快速为多个素材添加默认的视频过渡。在"时间轴"面板中选中要添加默认过渡的素材，执行"序列>应用默认过渡到选择项"命令或按Shift+D组合键即可。

10.1.2 编辑视频过渡效果

添加视频过渡效果后，可以在"效果控件"面板中设置其持续时间、方向等参数。图10-2所示为"油漆飞溅（Paint Splatter）"视频过渡效果的参数选项。

其中部分选项功能介绍如下。

● 持续时间：用于设置视频过渡效果的持续时间。时间越长，过渡越慢。

● 对齐：用于设置视频过渡效果与相邻素材片段的对齐方式，包括中心切入、起点切入、终点切入和自定义切入4个选项。

● 开始：用于设置视频过渡开始时的效果。默认数值为0，表示将从整个视频过渡过程的开始位置进行过渡；若将该参数设置为10，则从整个视频过渡效果的10%位置开始过渡。

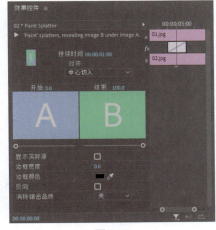

图 10-2

● 结束：用于设置视频过渡结束时的效果。默认数值为100，该数值表示将在整个视频过渡过程的结束位置完成过渡；若将该参数设置为90，则表示视频过渡特效结束时，视频过渡特效只是完成了整个视频过渡的90%。

● 显示实际源：勾选该复选框，可在"效果控件"面板中的预览区显示素材的实际效果。

● 边框宽度：用于设置视频过渡过程中形成的边框的宽度。

● 边框颜色：用于设置视频过渡过程中形成的边框的颜色。

● 反向：勾选该复选框，将反向视频过渡的效果。

> **提示:**
>
> 　　不同的视频过渡效果在"效果控件"面板中的选项也略有不同，用户在使用时根据实际参数设置即可。

10.1.3 AIGC 实操案例：图片集切换动效

通过视频过渡效果可以将多幅图片整合在一起做成动态的图片集。下面结合视频过渡效果制作图片集切换动效。

实例：图片集切换动效
素材位置：配套资源＼第10章＼实操案例＼素材＼风景1.jpg~风景10.jpg、配乐.wav
实例效果：配套资源＼第10章＼实操案例＼效果＼图片集.mp4

1. DeepSeek 自动化素材处理

通过DeepSeek可以生成Photoshop脚本批量处理图像素材。以图片尺寸调整为例，在DeepSeek对话框中输入以下内容。

　　提问：请提供一个PS2024的脚本，以实现批量化调整图片尺寸为1920×1080的效果。

　　内容生成如下。

以下是一个适用于Photoshop 2024的JavaScript脚本，用于批量将图片调整为1920×1080分辨率：

```javascript
// 批量调整图片尺寸脚本 v1.0
// 支持格式：JPEG, PNG, PSD, TIFF

// 选择源文件夹
var sourceFolder = Folder.selectDialog("请选择包含图片的源文件夹");
if (!sourceFolder) exit();

// 选择目标文件夹
var targetFolder = Folder.selectDialog("请选择保存图片的目标文件夹");
if (!targetFolder) exit();

// 配置参数
var targetWidth = 1920;
var targetHeight = 1080;
var resolution = 72; // 分辨率（PPI）
var quality = 10;   // JPEG质量 1-12（12为最佳）

processFiles();

function processFiles() {
    var files = sourceFolder.getFiles();

    for (var i = 0; i < files.length; i++) {
        var file = files[i];
        if (file instanceof File && isImageFile(file)) {
            try {
```

```
            processSingleFile(file);
        } catch (e) {
            alert("处理文件时出错: " + file.name + "\n" + e);
        }
    }
}
alert("批量处理完成! 共处理 " + files.length + " 个文件");
}


function processSingleFile(file) {
    var doc = app.open(file);

    // 执行尺寸调整
    doc.resizeImage(
        UnitValue(targetWidth, "px"),
        UnitValue(targetHeight, "px"),
        resolution,
        ResampleMethod.BICUBIC
    );

    saveImage(doc, file);
    doc.close(SaveOptions.DONOTSAVECHANGES);
}


function saveImage(doc, originalFile) {
    var ext = originalFile.name.split('.').pop().toLowerCase();
    var saveOptions;
    var fileName = originalFile.name.replace(/\.[^\.]+$/, "");

    var targetFile = new File(targetFolder + "/" + fileName + ".jpg");

    // 统一保存为JPG格式, 如需保留原格式请修改此处
    saveOptions = new JPEGSaveOptions();
    saveOptions.quality = quality;
    saveOptions.embedColorProfile = true;
    saveOptions.formatOptions = FormatOptions.STANDARDBASELINE;

    doc.saveAs(targetFile, saveOptions, true);
}


function isImageFile(file) {
    var validExtensions = ["jpg", "jpeg", "png", "psd", "tif", "tiff"];
    var extension = file.name.split('.').pop().toLowerCase();
    return validExtensions.indexOf(extension) > -1;
}
```

使用说明：

1. 将代码保存为 `.jsx` 文件（如 "BatchResize.jsx"）。

2. 打开 Photoshop，选择 文件 > 脚本 > 浏览，选择该脚本。

3. 依次选择源文件夹和目标文件夹。

4. 等待处理完成提示。

脚本特点：

● 自动识别常见图片格式（JPG/PNG/PSD/TIFF）

● 强制调整为精确的 1920×1080 分辨率

● 统一输出为高质量 JPG 格式

● 保留色彩配置文件

● 包含错误处理机制

注意事项：

1. 原始图片将被自动裁剪/拉伸以适应目标尺寸。

2. 默认保存质量为最高（12级中的10），可根据需要修改 quality 参数。

3. 如需保留原始文件格式，请修改 saveImage 函数中的保存逻辑。

4. 建议先在小批量图片上测试后再进行正式处理。

要修改输出格式或质量设置，可调整以下参数：

● quality值（1~12，数字越大质量越高）

● 在saveImage函数中修改保存选项（如改为 PNGSaveOptions 保存为 PNG 格式）

在运行上述脚本时，会出现图10-3所示的问题。

在DeepSeek对话框中输入以下内容进行调整。

提问：运行时出现以下问题"错误 24: validExtensions.indexOf 不是函数，

直线: 70

->return validExtensions.indexOf(extension)>-1;" 请修复并提供完整的脚本

图 10-3

内容生成如下。

以下是修复兼容性问题的完整脚本，已解决数组方法在旧版 ExtendScript 引擎中的兼容问题：

```javascript
// 批量调整图片尺寸脚本 v2.0
// 修复扩展名检测兼容性问题

// 选择源文件夹
var sourceFolder = Folder.selectDialog("请选择包含图片的源文件夹");
if (!sourceFolder) exit();

// 选择目标文件夹
var targetFolder = Folder.selectDialog("请选择保存图片的目标文件夹");
if (!targetFolder) exit();

// 配置参数
var targetWidth = 1920;
var targetHeight = 1080;
var resolution = 72;
```

```
var quality = 10;

processFiles();

function processFiles() {
    var files = sourceFolder.getFiles();
    var processedCount = 0;

    for (var i = 0; i < files.length; i++) {
        var file = files[i];
        if (file instanceof File && isImageFile(file)) {
            try {
                processSingleFile(file);
                processedCount++;
            } catch (e) {
                alert("处理文件时出错: " + file.name + "\n" + e);
            }
        }
    }
    alert("批量处理完成！成功处理 " + processedCount + " 个文件");
}

function processSingleFile(file) {
    var doc = app.open(file);

    // 设置分辨率单位
    doc.resizeImage(
        UnitValue(targetWidth, "px"),
        UnitValue(targetHeight, "px"),
        resolution,
        ResampleMethod.BICUBIC
    );

    saveImage(doc, file);
    doc.close(SaveOptions.DONOTSAVECHANGES);
}

function saveImage(doc, originalFile) {
    var ext = originalFile.name.split('.').pop().toLowerCase();
    var saveOptions;
    var fileName = originalFile.name.replace(/\.[^\.]+$/, "");

    // 自动创建目标文件夹
    if (!targetFolder.exists) targetFolder.create();
```

```
    // 统一保存为JPG格式
    var targetFile = new File(targetFolder + "/" + fileName + ".jpg");
    saveOptions = new JPEGSaveOptions();
    saveOptions.quality = quality;
    saveOptions.embedColorProfile = true;

    doc.saveAs(targetFile, saveOptions, true);
}

// 修复后的文件检测函数
function isImageFile(file) {
    var validExtensions = ["jpg", "jpeg", "png", "psd", "tif", "tiff"];
    var extension = file.name.split('.').pop().toLowerCase();

    // 改用传统循环代替 indexOf
    for (var i = 0; i < validExtensions.length; i++) {
        if (validExtensions[i] === extension) {
            return true;
        }
    }
    return false;
}
```

主要修复点说明：

1. 在isImageFile函数中：

● 使用传统的for循环代替indexOf方法

● 显式声明扩展名数组，避免隐式转换问题

● 增加严格类型比较 (===)

2. 新增功能增强：

● 自动创建目标文件夹 (targetFolder.create())

● 显示实际成功处理的文件数

● 改进错误处理流程

3. 兼容性优化：

● 移除 ES6+ 语法特性

● 确保变量作用域清晰

● 添加更严格的类型检查

测试验证方法：

1. 创建一个包含多种格式文件的测试文件夹。

2. 包含一个非图片文件 (如 .txt) 用于验证过滤功能。

3. 观察控制台输出和最终处理结果。

常见问题预防：

1. 文件名包含多个点号的情况 (如 "image.1.psd")。

2. 全大写扩展名文件 (如 "IMAGE.JPEG")。

3. 系统保留字符处理。

如果需要保留原始文件格式，可修改saveImage函数中的保存逻辑为：

javascript

```
// 保存为原始格式
var targetFile = new File(targetFolder + "/" + fileName + "." + ext);
switch (ext) {
    case "psd":
        saveOptions = new PhotoshopSaveOptions();
        break;
    case "png":
        saveOptions = new PNGSaveOptions();
        break;
    case "tif":
    case "tiff":
        saveOptions = new TiffSaveOptions();
        break;
    default:
        saveOptions = new JPEGSaveOptions();
        saveOptions.quality = quality;
}
```

新建一个记事本文档，复制完整脚本内容在记事本文档中，保存后修改记事本文档后缀为.jsx，打开Photoshop软件，执行"文件>脚本>浏览"命令，打开"载入"对话框，找到存储的jsx文档，如图10-4所示。完成后单击"载入"按钮，在弹出的"请选择包含图片的源文件夹"对话框中选择原始素材文件夹，在弹出的"请选择保存图片的目标文件夹中"对话框中选择目标文件夹，单击"选择文件夹"按钮，Photoshop软件将自动调整素材尺寸，图10-5所示为调整后的素材。

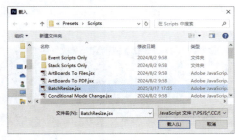

图 10-4

图 10-5

选择调整后的素材，进行后续的操作。

2. Premiere 视频制作

Step01：新建项目，导入本章素材文件。选中图像素材并拖曳至"时间轴"面板中，软件将根据素材自动创建序列，如图10-6所示。

Step02：在"效果"面板中搜索"黑场过渡"视频过渡效果，并拖曳至"时间轴"面板中V1轨道第1段素材的起始处，添加视频过渡效果，如图10-7所示。

图 10-6

图 10-7

Step03：选择添加的"黑场过渡"视频过渡效果，在"效果控件"面板中设置"持续时间"为2s，使过渡效果更加缓慢，如图10-8所示。

Step04：使用相同的方法，在V1轨道第10段素材末端添加"黑场过渡"视频过渡效果，并调整持续时间为2s，如图10-9所示。

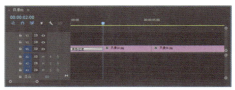
图 10-8

图 10-9

Step05：在"效果控件"面板中搜索"交叉溶解"视频过渡效果，拖曳至"时间轴"面板中V1轨道第1段素材和第2段素材之间，添加"交叉溶解"视频过渡效果，如图10-10所示。

Step06：选中添加的"交叉溶解"视频过渡效果，在"效果控件"面板中设置其"持续时间"为2s，"对齐"为中心切入，如图10-11所示。

图 10-10

图 10-11

Step07：选中"时间轴"面板中添加的"交叉溶解"视频过渡效果，按Ctrl+C组合键复制，移动鼠标指针至第2段和第3段素材之间单击，按Ctrl+V组合键粘贴复制的视频过渡效果，如图10-12所示。

Step08：使用相同的方法，继续复制"交叉溶解"视频过渡效果，完成后效果如图10-13所示。

图 10-12

图 10-13

Step09：选择"配乐.wav"素材，拖曳至"时间轴"面板的A1轨道中，单击鼠标右键，在弹出的快捷菜单中执行"速度/持续时间"命令，打开"剪辑速度/持续时间"对话框，设置"持续时间"为00:00:50:00，勾选"保持音频音调"复选框，单击"确定"按钮，设置音频持续时间与V1轨道素材一致，如图10-14所示。

Step10：至此，完成图片集切换动效的制作。移动播放指示器至初始位置，按空格键播放即可，效果如图10-15所示。

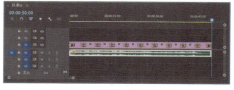
图 10-14

图 10-15

10.2 视频过渡效果的应用

软件内置了9组预设的视频过渡效果，包括3D运动、划像、擦除、沉浸式视频、溶解、滑动、缩放、内滑和页面剥落等，可以满足用户不同的转场需求。下面对这9组视频过渡效果进行介绍。

10.2.1 "3D 运动" 视频过渡效果

"3D运动" 视频过渡效果可以模拟三维运动切换素材。该视频过渡效果组包括 "立方体旋转" 和 "翻转" 2种效果。

1. 立方体旋转（Cube Spin）

"立方体旋转" 视频过渡效果可以模拟空间立方体旋转运动的效果。在旋转过程中，相邻的两个素材类似于立方体相邻的两面旋转切换，如图10-16所示。

图 10-16

选中 "时间轴" 面板中的 "立方体旋转" 视频过渡效果，在 "效果控件" 面板中可以对旋转的方向进行设置。

2. 翻转（Flip Over）

"翻转" 视频过渡效果可以模拟平面翻转的效果。在翻转过程中，相邻的两个素材类似于一个平面的正反面，一个素材离开，另一个素材翻转出现，如图10-17所示。

图 10-17

选中 "时间轴" 面板中的 "翻转" 视频过渡效果，在 "效果控件" 面板中可以对翻转的方向进行设置。

10.2.2 "划像" 视频过渡效果

"划像" 视频过渡效果主要是通过分割画面来切换素材。该视频过渡效果组包括 "盒形划像" "交叉划像" "菱形划像" "圆形划像" 4种效果。

1. 盒形划像（Iris Box）

"盒形划像" 视频过渡效果中的素材B将以盒形出现并向四周扩展，直至充满整个画面并完全覆盖素材A，如图10-18所示。

2. 交叉划像（Iris Cross）

"交叉划像" 视频过渡效果中的素材B将以十字形出现并向四角扩展，直至充满整个画面并完全覆盖素材A，如图10-19所示。

图 10-18   图 10-19

3. 菱形划像（Iris Diamond）

"菱形划像"视频过渡效果中的素材B将以菱形出现并向四周扩展，直至充满整个画面并完全覆盖素材A，如图10-20所示。

4. 圆形划像（Iris Round）

"圆形划像"视频过渡效果中的素材B将以圆形出现并向四周扩展，直至充满整个画面并完全覆盖素材A，如图10-21所示。

图 10-20   图 10-21

"页面剥落"视频过渡效果可以模拟翻页或者页面剥落的效果，从而切换素材。该视频效果组包括"页面剥落"和"翻页"2种视频过渡效果。

1. 页面剥落（Page Peel）

"页面剥落"视频过渡效果可以模拟纸张翻页的效果，其中，素材A将翻页消失至完全显示出素材B，如图10-22所示。

2. 翻页（Page Turn）

"翻页"视频过渡效果中的素材A以页角对折的方式逐渐消失，素材B逐渐显示，如图10-23所示。

图 10-22   图 10-23

10.2.4 "滑动"视频过渡效果

"滑动"视频过渡效果可以通过滑动画面来切换素材。该视频过渡效果组包括"带状滑动""中心拆分""推""滑动""拆分"5种视频过渡效果。

1. 带状滑动（Band Slide）

"带状滑动"视频过渡效果是将素材B拆分为带状，从画面两端向画面中心滑动直至合并为完整图像完全覆盖素材A，如图10-24所示。

选中"时间轴"面板中添加的"带状滑动"视频过渡效果，在"效果控件"面板中可以对其方向、带数量等进行设置。

2. 中心拆分（Center Split）

"中心拆分"视频过渡效果可以将素材A从中心分为4个部分，这4个部分分别向四角滑动直至完全显示素材B，如图10-25所示。

图 10-24   图 10-25

3. 推（Push）

"推"视频过渡效果是将素材A和素材B并排向画面一侧推动直至素材A完全消失，素材B完全出现，如图10-26所示。

4. 滑动（Slide）

"滑动"视频过渡效果中的素材B将从画面一侧滑动至画面中直至完全覆盖素材A，如图10-27所示。

图 10-26   图 10-27

5. 拆分（Split）

"拆分"视频过渡效果中的素材A将被平分为两个部分并分别向画面两侧滑动直至完全消失，显示出素材B，如图10-28所示。

图 10-28

10.2.5　"擦除"视频过渡效果

"擦除"视频过渡效果主要是通过擦除素材的方式来切换素材。该视频过渡效果组包括17种视频过渡效果。

1. 带状擦除（Band Wipe）

"带状擦除"视频过渡效果可以从画面两侧呈带状擦除素材A，显示出素材B，如图10-29所示。

2. 双侧平推门（Barn Doors）

"双侧平推门"视频过渡效果可以从中心向两侧擦除素材A，显示出素材B，如图10-30所示。

图 10-29

图 10-30

3. 棋盘擦除（Checker Wipe）

"棋盘擦除"视频过渡效果可以把素材A划分为多个方格，并从每个方格的一侧单独擦除素材A，直至完全显示出素材B，如图10-31所示。

4. 棋盘（Checker Board）

"棋盘"视频过渡效果可以将素材B划分为多个方格，方格从上至下坠落直至完全覆盖素材A，如图10-32所示。

图 10-31

图 10-32

5. 时钟式擦除（Clock Wipe）

"时钟式擦除"视频过渡效果可以以时钟转动的方式擦除素材A，显示出素材B，如图10-33所示。

6. 渐变擦除（Gradient Wipe）

"渐变擦除"视频过渡效果可以以一个图像的灰度值作为参考，根据参考图像由黑至白擦除素材A，显示出素材B，如图10-34所示。

图 10-33

图 10-34

添加"渐变擦除"视频过渡效果后，将弹出"渐变擦除设置"对话框，如图10-35所示。在其中单击"选择图像"按钮，打开"打开"对话框，从中选择参考图像。若想重新设置"渐变擦除"视频过渡效果的参考图像，则选中该过渡效果后，在"效果控件"面板中单击"自定义"按钮，打开"渐变擦除设置"对话框重新选择。

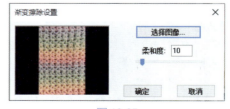
图 10-35

7. 插入（Inset）

"插入"视频过渡效果可以从画面的一角开始擦除素材A，显示出素材B，如图10-36所示。

8. 油漆飞溅（Paint Splatter）

"油漆飞溅"视频过渡效果中的素材A将以泼墨的形式被擦除，直至完全显示出素材B，如图10-37所示。

图 10-36   图 10-37

9. 风车（Pinwheel）

"风车"视频过渡效果可以以风车旋转的方式擦除素材A，显示出素材B，如图10-38所示。

10. 径向擦除（Radial Wipe）

"径向擦除"视频过渡效果可以从画面的一角以射线扫描的方式擦除素材A，显示出素材B，如图10-39所示。

图 10-38   图 10-39

11. 随机块（Random Blocks）

"随机块"视频过渡效果中的素材B将以小方块的形式随机出现，直至完全覆盖素材A，如图10-40所示。

12. 随机擦除（Random Wipe）

"随机擦除"视频过渡效果中的素材A将被小方块从画面一侧开始随机擦除，直至完全显示出素材B，如图10-41所示。

图 10-40   图 10-41

13. 螺旋框（Spiral Boxes）

"螺旋框"视频过渡效果可以以从外至内螺旋框推进的方式擦除素材A，显示出素材B，如图10-42所示。

14. 百叶窗（Venetian Blinds）

"百叶窗"视频过渡效果可以模拟百叶窗开合，擦除素材A，显示出素材B，如图10-43所示。

图 10-42   图 10-43

15. 楔形擦除（Wedge Wipe）

"楔形擦除"视频过渡效果可以从画面中心以楔形旋转擦除素材A，显示出素材B，如图10-44所示。

16. 划出（Wipe）

"划出"视频过渡效果可以从画面一侧擦除素材A，显示出素材B，如图10-45所示。

图 10-44   图 10-45

17. 水波块（Zig-Zag Blocks）

"水波块"视频过渡效果可以以之字形块擦除的方式擦除素材A，显示出素材B，如图10-46所示。

图 10-46

"缩放"视频过渡效果组只有"交叉缩放（Cross Zoom）"效果。该效果通过缩放图像来切换素材。在使用时，素材A将被放大至无限大，素材B将被从无限大缩放至原始比例，从而切换素材，如图10-47所示。

图 10-47

"内滑"视频过渡效果组只有"急摇"效果。该效果从左至右推动素材使素材产生动感模糊效果，从而切换素材，如图10-48所示。

图 10-48

"溶解"视频过渡效果

"溶解"视频过渡效果主要是通过使素材溶解淡化的方式切换素材。该视频过渡效果组包括"叠加溶解""黑场过渡""白场过渡"等视频过渡效果。

1. 叠加溶解

"叠加溶解"视频过渡效果中的素材A和素材B将以亮度叠加的方式相互融合,在素材A逐渐变亮的同时慢慢显示出素材B,从而切换素材,如图10-49所示。

图 10-49

2. 胶片溶解

"胶片溶解"视频过渡效果是混合在线性色彩空间中的溶解过渡(灰度系数=1.0),如图10-50所示。

图 10-50

3. 非叠加溶解

"非叠加溶解"视频过渡效果中的素材A暗部至亮部依次消失,素材B亮部至暗部依次出现,从而切换素材,如图10-51所示。

图 10-51

4. 交叉溶解

"交叉溶解"视频过渡效果可以在淡出素材A的同时淡入素材B,从而切换素材,如图10-52所示。

图 10-52

5. 白场过渡

该视频过渡效果可以将素材A淡化到白色,然后从白色过渡到素材B,如图10-53所示。

图 10-53

6. 黑场过渡

该视频过渡效果与"白场过渡"类似，仅将白色变为黑色，如图10-54所示。

图 10-54

10.2.9 **实操案例：片头字幕切换效果**

影片的开场视频是影片非常重要的一部分。它可以吸引观众的注意力，使观众了解影片的大致内容，从而更容易沉浸在影片中。下面结合视频过渡效果等知识，介绍片头字幕切换效果的制作。

实例：片头字幕切换效果
素材位置：配套资源＼第10章＼实操案例＼素材＼滑板.mp4
实例效果：配套资源＼第10章＼实操案例＼效果＼字幕切换.mp4

Step01： 新建项目和序列。导入本案例素材文件"滑板.mp4"，如图10-55所示。

Step02： 单击"项目"面板中的"新建项" ![按钮] 按钮，在弹出的快捷菜单中执行"黑场视频"命令，打开"新建黑场视频"对话框，保持默认设置后单击"确定"按钮，新建黑场视频素材，如图10-56所示。

图 10-55 图 10-56

Step03： 选中"滑板.mp4"素材，拖曳至"时间轴"面板中的V1轨道上，在"效果"面板中搜索"亮度曲线"视频效果，并拖曳至该素材上，在"效果控件"面板中设置"亮度曲线"效果参数提亮画面，如图10-57所示。调整后在"节目监视器"面板中预览效果，如图10-58所示。

Step04： 选中"黑场视频"素材，拖曳至"时间轴"面板中的V4轨道上，设置持续时间为00:00:03:00，如图10-59所示。

Step05： 在"效果"面板中搜索"拆分"视频过渡效果，并拖曳至V4轨道上的素材末端，添加视频过渡效果，选中添加的"拆分"视频过渡效果，在"效果控件"面板中设置方向为"自北向南"，并调整持续时间为00:00:03:00，如图10-60所示。

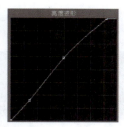

图 10-57

图 10-58

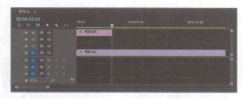

图 10-59

图 10-60

Step06：使用相同的方法，继续在V4轨道上添加"黑场视频"素材，并调整持续时间为00:00:03:00，在其起始处添加"拆分"视频过渡效果，在"效果控件"面板中设置方向为"自北向南"，调整持续时间为00:00:03:00，如图10-61所示，并勾选"反向"复选框。

Step07：在"基本图形"面板中单击"新建图层"按钮，在弹出的快捷菜单中执行"矩形"命令，新建矩形，此时"时间轴"面板中自动出现图形素材，调整其持续时间与V1轨道上的素材一致，如图10-62所示。

图 10-61

图 10-62

Step08：在"节目监视器"面板中预览矩形，如图10-63所示。

Step09：使用"选择工具"选中并调整矩形大小与位置。在"基本图形"面板中选中"形状01"图层，单击鼠标右键，在弹出的快捷菜单中执行"复制"命令（第2个复制），复制形状，使用"选择工具"调整其位置，如图10-64所示。

图 10-63

图 10-64

Step10：移动播放指示器至00:00:01:00处，选择"文字工具"，在"节目监视器"面板中单击并输入文字，在"基本图形"面板中设置参数，如图10-65所示。在"节目监视器"面板中预览效果，如图10-66所示。在"时间轴"面板中调整其持续时间为3秒。

Step11：在"效果"面板中搜索"交叉溶解"视频过渡效果，并拖曳至文字素材的起始处和末端，如图10-67所示。

Step12：选中V2轨道上的文字素材，按住Alt键向后拖曳复制，设置其持续时间为00:00:05:00，使用"文字工具"修改文字内容，在"基本图形"面板中设置其与画面垂直居中对齐、水平居中对齐，"切换动画的比例"为77，在"节目监视器"面板中预览效果，如图10-68所示。

图 10-65

图 10-66

图 10-67

图 10-68

Step13：继续复制文字素材，调整其持续时间为00:00:03:15，使用"文字工具" T 修改文字内容，在"基本图形"面板中设置其与画面垂直居中对齐、水平居中对齐，"切换动画的比例"为77，在"节目监视器"面板中预览，效果如图10-69所示。

Step14：至此，完成片头字幕切换效果的制作。移动播放指示器至初始位置，按空格键播放即可，效果如图10-70所示。

图 10-69

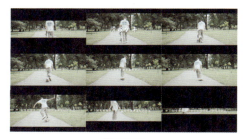

图 10-70

10.3 AIGC 案例实战：橙子宣传短片

视频过渡效果可以有效平滑场景间的切换。下面结合"交叉溶解"、"黑场过渡"等视频过渡效果制作橙子宣传短片。

> 实例：橙子宣传短片
> 素材位置：配套资源＼第10章＼案例实战＼素材＼橙1~橙3.jpg、橙4.mp4、
> 　　　　　橙5.mov、配乐.wav
> 实例效果：配套资源＼第10章＼案例实战＼效果＼宣传短片.mp4

1. DeepSeek 智能脚本生成

通过DeepSeek可以根据素材生成贴合的脚本。以本案例为例，在DeepSeek对话框中输入以下内容。

提问：请生成一个橙子宣传短片的脚本，包含5组画面（橙子切片平铺的背景，枝头上的橙子，完整橙子整体镜头，切成一半的橙子一正一反摆放，完整橙子和切成块的橙子堆在

一起），总时长30秒。请确保脚本内容简洁明了，易于理解和记忆，以便观众能够快速了解橙子的价值。

内容生成如下。

橙子宣传短片脚本（30秒）

（轻快音乐起，自然光线色调）

画面1：橙子切片平铺背景（5秒）

● 镜头：俯拍动态镜头，阳光下的橙子切片平铺成放射状图案，果汁微闪。

● 字幕："自然馈赠，新鲜登场"

画面2：枝头上的橙子（5秒）

● 镜头：仰拍橙子树，金橙色果实垂挂枝头，树叶随风轻晃，露珠滑落果皮。

● 旁白："阳光滋养，自然成熟"

画面3：完整橙子整体镜头（5秒）

● 镜头：特写橙子360° 旋转，果皮光泽细腻，背景虚化突出饱满质感。

● 旁白："每一颗，都是天然营养库"

画面4：切半橙子一正一反摆放（5秒）

● 镜头：慢镜头横移，展示切面果肉汁水充盈，橙皮与果肉对比鲜明。

● 字幕："鲜嫩多汁，活力迸发"

画面5：完整橙子与切块堆叠（5秒）

● 镜头：俯拍橙子堆叠成小山，切块散落四周，果汁滴落飞溅。

● 旁白+字幕："橙意满满，健康每一天"

● 结尾：品牌Logo + 标语"自然甜，放心选"

风格提示：全程保持明亮色调，镜头切换流畅（渐隐/快速缩放），配乐轻快有活力，强调橙子的"新鲜感"与"健康价值"。

参考生成脚本，进行后续案例的制作。

2. Premiere 视频制作

Step01：新建项目，按Ctrl+I组合键导入本章素材文件，并将素材按照序号依次拖曳至"时间轴"面板中创建序列，如图10-71所示。

Step02：选中第4段素材右击，在弹出的快捷菜单中执行"取消链接"命令取消音视频链接，并删除音频，如图10-72所示。

图 10-71

图 10-72

Step03：移动播放指示器至00:00:20:00处，使用剃刀工具裁切素材，并删除裁切素材的右半部分，如图10-73所示。

Step04：使用相同的方法在00:00:30:00处裁切素材，并删除素材的右半部分，如图10-74所示。

Step05：展开"Lumetri颜色"面板中的"色轮和匹配"选项组，单击"比较视图"按钮，在"节目"监视器面板中设置参考处，如图10-75所示。

Step06：单击"Lumetri颜色"面板"色轮和匹配"选项组中的"应用匹配"按钮，应用匹配效果，如图10-76所示。

图10-73

图10-74

图10-75

图10-76

Step07：单击"节目"监视器面板中的"比较视图" 按钮切换至单一视图。移动播放指示器至00:00:05:00处，选中第2段素材，在"效果控件"面板中设置"位置"参数为（1148.0,640.0），"缩放"参数为120.0，并添加关键帧，如图10-77所示。

Step08：移动播放指示器至00:00:09:24处，单击"位置"和"缩放"参数右侧的"重置参数" 按钮，软件将自动重置参数为初始状态并添加关键帧，如图10-78所示。

Step09：按空格键预览播放如图10-79所示。

图10-77

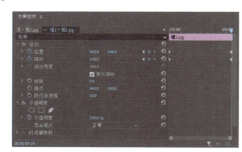
图10-78

图10-79

Step10：移动播放指示器至00:00:10:00处，选中第3段素材，在"效果控件"面板中设置"位置"和"缩放"参数，添加关键帧，如图10-80所示。

Step11：移动播放指示器至00:00:14:24处，更改"位置"参数为（1036.0,540.0），"缩放"参数为120.0，软件将自动添加关键帧，如图10-81所示。

图 10-80   图 10-81

Step12：按空格键预览播放，效果如图10-82所示。

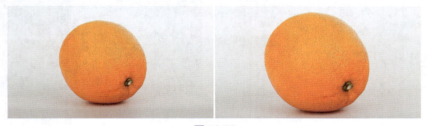

图 10-82

Step13：在"效果"面板中搜索"交叉溶解"视频过渡效果，拖曳至素材之间，如图10-83所示。

Step14：依次调整视频过渡持续时间为1秒10帧，如图10-84所示。

Step15：在"效果"面板中搜索"黑场过渡"视频过渡效果，拖曳至V1轨道素材入点和出点处，如图10-85所示。

Step16：移动播放指示器至00:00:01:00处，使用文字工具在"节目"监视器面板中单击输入文字，如图10-86所示。

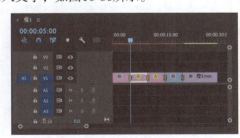

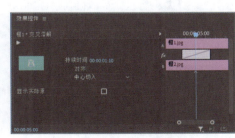

图 10-83   图 10-84

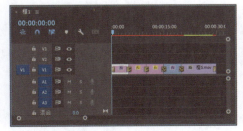

图 10-85   图 10-86

Step17：选中输入的文字，在"效果控件"面板中设置文字参数，其中，"描边"的颜色参数为#E36800，"阴影"的颜色参数为#693B22，如图10-87所示。

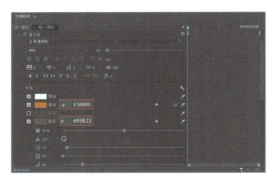

图 10-87

Step18：在"基本图形"面板中调整文字与画面垂直居中对齐，效果如图10-88所示。

Step19：在"时间轴"面板中调整文字素材的持续时间为3秒，如图10-89所示。

图 10-88

图 10-89

Step20：选中文字素材，按住Alt键向右拖曳复制，如图10-90所示。在"节目"监视器面板中更改文字内容，如图10-91所示。

图 10-90

图 10-91

Step21：使用相同的方法，继续复制文字素材并更改文字内容，如图10-92、图10-93所示。

图 10-92

图 10-93

Step22：继续复制文字素材并更改文字内容，如图10-94、图10-95所示。

图 10-94

图 10-95

Step23：继续复制文字素材并更改文字内容，如图10-96、图10-97所示。

图 10-96

图 10-97

Step24：继续复制文字素材并更改文字内容，如图10-98、图10-99所示。

图 10-98

图 10-99

Step25：执行"编辑>首选项>时间轴"命令打开"首选项"对话框的"时间轴"选项卡，设置"视频过渡默认持续时间"为10帧，如图10-100所示。完成后单击"确定"按钮应用。

Step26：选中"效果"面板中的"交叉溶解"视频过渡效果，单击鼠标右键，执行"将所选过渡设置为默认过渡"命令，将其设置为默认过渡。选中V2轨道中的素材，执行"序列>应用默认过渡到选择项"命令，添加默认的视频过渡效果，如图10-101所示。

图 10-100

图 10-101

Step27：将音频素材添加至A1轨道，在00:00:30:00处裁切素材并删除右半部分，如图10-102所示。

Step28：在"效果"面板中搜索"恒定功率"音频过渡效果，拖曳至音频素材出点处，并调整其持续时间为2秒，如图10-103所示。

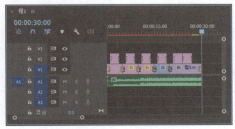

图 10-102

图 10-103

Step29：按Enter键渲染预览，效果如图10-104所示。

图 10-104

至此，完成橙子宣传短片的制作。

10.4 知识拓展

Q：怎么设置默认过渡？

A：在"效果"面板中选中要设置为默认过渡的视频过渡效果，单击鼠标右键，在弹出的快捷菜单中执行"将所选过渡设置为默认过渡"命令即可。

Q：怎么同时为多个剪辑应用默认过渡？

A：在为多个素材添加视频过渡效果时，若想添加相同的视频过渡效果，则可以设置默认过渡并进行应用以快速操作。选中"时间轴"面板中要添加默认过渡的素材，执行"序列>应用默认过渡到选择项"命令即可。

Q：怎么调整过渡中心的位置？

A：应用视频过渡效果时，部分视频过渡效果具有可调节的过渡中心，如圆划像等。用户可以在"效果控件"面板中打开过渡，在A预览区域中拖曳小圆形中心来调整过渡中心的位置。

Q：怎么更改视频过渡默认的持续时间？

A：执行"编辑>首选项>时间轴"命令，打开"首选项"对话框中的"时间轴"选项卡，在其中设置视频过渡默认持续时间、音频过渡默认持续时间等参数，完成后单击"确定"按钮即可。要注意的是，新的设置不会影响现有的过渡。

Q：视频过渡效果越多越好吗？

A：并不是。视频过渡效果的主要作用是使画面间的切换更加自然，当素材本身衔接自然时，过多的视频过渡效果反而会造成累赘。用户在剪辑素材时，要根据需要添加合适的视频过渡效果，而不是为了添加而添加。

Q：过渡效果是否会降低原始素材的质量？

A：过渡本身不会降低原始素材质量，但过度压缩输出文件或设置不当可能会导致画质下降。此外，一些复杂的过渡可能会增加渲染负担，影响工作效率。

Q：过渡效果能否被嵌套序列使用？

A：可以。在嵌套序列中同样可以应用和编辑过渡效果，而且这些效果在主时间线上也会正常呈现。

Q：如果在过渡过程中出现画面撕裂或跳帧现象怎么办？

A：这种现象可能是由源素材帧率不匹配或系统性能不足引起的。解决方案包括确保所有剪辑有相同的帧速率、优化项目设置、提升渲染质量，或者升级硬件以提高性能。

第11章
综合案例

本章精心设计了 3 个实战案例：美食节目片头特效、宠物电子相册和文旅宣传短片。我们将逐一深入这些案例，细致探讨不同类型短视频的制作流程和技巧。本章旨在通过实际操作的方式，让读者不仅能够综合运用所学的理论知识，更重要的是加深对前文内容的理解和掌握，实现从理论到实践的飞跃。

11.1 美食节目片头特效

节目片头不仅是节目的包装和介绍，还展现了节目的艺术创意和技术手段，是观众是否继续观看的重要参考。本节将练习制作美食节目片头特效。

11.1.1 案例分析

本案例旨在打造一档以舌尖上的美味为核心的美食节目，通过精选的美食图片和流畅的视频过渡效果，巧妙展示各式各样的佳肴，让观众在视觉上享受美食的饕餮盛宴，激发他们持续观看的热情。此外，我们将辅以贴切的文字解说和轻快的背景音乐，共同营造出轻松愉悦的观看氛围，让观众从中感受美食带来的快乐。图11-1所示为最终效果。

图 11-1

11.1.2 制作思路

下面结合视频过渡效果、视频效果等制作美食节目片头特效。

> 实例：美食节目片头特效
> 素材位置：配套资源＼第11章＼素材＼"美食节目"文件夹
> 实例效果：配套资源＼第11章＼效果＼美食节目片头.mp4

Step01：新建项目。按Ctrl+I组合键导入本案例素材文件，如图11-2所示。

Step02：将"背景.png"素材拖曳至"时间轴"面板中，软件将根据素材自动创建序列，如图11-3所示。

图 11-2

图 11-3

Step03：将"香料01.png~香料06.png""美食01.png～美食08.png"素材按照序号依次拖曳至V2轨道上，并调整持续时间为6帧，如图11-4所示。

Step04：移动播放指示器至00:00:03:09处，将"标志.png"素材拖曳至V2轨道上，调整其出点位置与V1轨道上的素材一致，如图11-5所示。

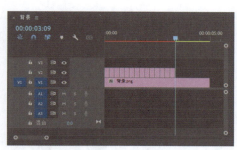
图 11-4

图 11-5

Step05：选中添加的标志素材，在"效果控件"面板中设置其"缩放"为76.0，如图11-6所示。

Step06：此时"节目监视器"面板中的效果如图11-7所示。

图 11-6

图 11-7

Step07：在"效果"面板中搜索"超级键"视频效果，并拖曳至标志素材上，在"效果控件"面板中设置"主要颜色"为画面中的白色，效果如图11-8所示。

Step08：移动播放指示器至00:00:03:09处，使用"垂直文字工具"在"节目监视器"面板中单击输入文字，在"效果控件"面板中设置参数，如图11-9所示。效果如图11-10所示。

图 11-8

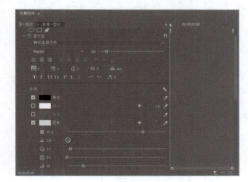
图 11-9

> **提示：**
> 选择喜欢的字体，调整为合适大小与颜色即可。

Step09：调整文字素材的持续时间与标志素材一致，如图11-11所示。

Step10：使用相同的方法，继续输入文字并调整，如图11-12、图11-13所示。

图 11-10

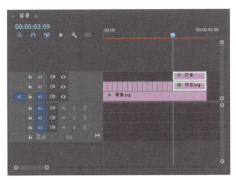

图 11-11

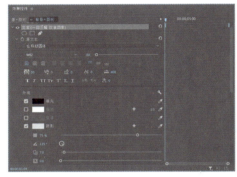

图 11-12

图 11-13

Step11：调整新添加的文字素材的持续时间为1秒10帧，且出点处与V1轨道一致，如图11-14所示。

Step12：选中V2轨道上最后一段素材和V3轨道上的素材，将其嵌套为"标志"，并将V4轨道上的素材移动至V3轨道上，如图11-15所示。

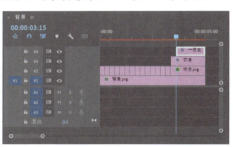

图 11-14

图 11-15

Step13：移动播放指示器至00:00:04:11处，选中V3轨道上的文本素材，在"效果控件"面板中单击"源文本"参数左侧的"切换动画"按钮添加关键帧，如图11-16所示。

Step14：将播放指示器左移3帧，在"节目监视器"面板中删除V3轨道上文字素材的最后一个字，如图11-17所示。

Step15："效果控件"面板中将自动添加关键帧，如图11-18所示。

Step16：使用相同的操作，每向左移动3帧，删除1个文字，直至V3轨道上文字素材的起始位置，如图11-19所示。

短视频剪辑、调色与特效制作（全彩微课版）　——DeepSeek+Premiere

图 11-16

图 11-17

图 11-18

图 11-19

Step17：在"效果"面板中搜索"交叉溶解"视频过渡效果，并拖曳至V2轨道上的第1段素材和第2段素材之间，如图11-20所示。调整持续时间为4帧，如图11-21所示。

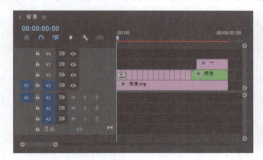
图 11-20

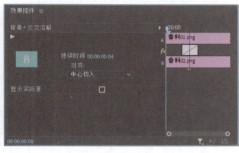
图 11-21

Step18：选中添加的视频过渡效果，按Ctrl+C组合键复制，移动鼠标指针至V2轨道上其他素材相接处，按Ctrl+V组合键粘贴，重复多次，如图11-22所示。

Step19：将音频素材添加至"时间轴"面板中的A1轨道上，在00:00:02:06和00:00:07:00处裁切音频素材，并删除第1段和第3段，如图11-23所示。

图 11-22

图 11-23

Step20：调整音频素材的持续时间为5秒，并将其移动至00:00:00:00处，如图11-24所示。

Step21：将"恒定功率"音频过渡效果拖曳至音频素材的入点和出点处，并调整持续时间为10帧，效果如图11-25所示。

图 11-24　　　　　　　　　　　图 11-25

Step22：按Enter键渲染预览，效果如图11-26所示。

图 11-26

至此，完成美食节目片头特效的制作。

11.2　宠物电子相册

电子相册是一种较为流行的多媒体内容创作形式，可以将静态的照片与动态的视频元素组合到一起，创作出具有视觉冲击力和感染力的作品。

11.2.1　案例分析

本案例旨在打造一本专属的宠物电子相册，精心筛选了一系列萌宠的可爱瞬间作为主要内容，通过展示多种类型宠物的魅力，轻松捕获观众的心。整个相册采用轻松愉快的风格和温馨的色调设计，旨在营造舒适、自在的观赏体验，让每位观众都能在这些可爱的宠物面前找到心灵的慰藉和快乐。图11-27所示为最终效果。

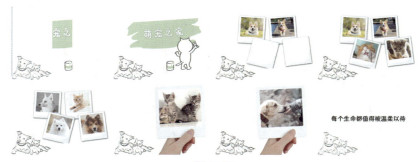

图 11-27

1. DeepSeek 文案创作

通过DeepSeek创建宠物电子相册的宣传文案，在DeepSeek对话框中输入以下内容。

提问：请为"萌宠之家"提供一句温暖的宣传语，5~8个方案备选。

内容生成如下。

1."萌爪印心，爱满家园"

2."温暖绒毛窝，都是小确幸"

3."掌心的温度，毛孩的归宿"

4."每个生命都值得被温柔以待"

5."这里住着会呼吸的棉花糖"

6."用咕噜声编织幸福时光"

7."让爱长出尾巴的温馨驿站"

8."治愈系生活，从湿鼻头开始"

创作思路解析：

1.通过"萌爪"具象化萌宠形象，用"印心"体现情感印记。

2.以触觉记忆切入，"绒毛窝"营造温暖具象场景。

3.拟人化"归宿"概念，强化安全感与归属感。

4.传递生命平等的价值观，引发情感共鸣。

5.用"棉花糖"比喻柔软触感，激活多重感官记忆。

6.捕捉猫咪特有的"咕噜声"，营造沉浸式幸福感。

7."长出尾巴"的拟人化设计，赋予情感具象表达。

8.聚焦宠物最具辨识度的"湿鼻头"，建立独特记忆点。

每个方案都包含触觉、听觉或视觉的具象元素，通过通感手法让抽象的情感变得可感知，同时保持语句节奏的韵律感，符合现代传播的碎片化记忆需求。

选择合适的宣传语，用于电子相册中。

2. 电子相册制作

下面结合嵌套序列、视频过渡效果等制作宠物主题的电子相册。

实例：宠物电子相册
素材位置：配套资源＼第11章＼素材＼"电子相册"文件夹
实例效果：配套资源＼第11章＼效果＼电子相册.mp4

Step01：新建项目，按Ctrl+I组合键导入本章素材文件，如图11-28所示。

Step02：将"背景.png"素材拖曳至"时间轴"面板中，软件将根据素材自动创建序列，如图11-29所示。

图 11-28　　　　　　　　　　　　　图 11-29

Step03：将"标题.png"素材拖曳至V2轨道中，调整素材持续时间为2秒，如图11-30所示。

Step04：选中V2轨道素材，在"效果控件"面板中设置"缩放"参数为60.0，效果如图11-31所示。

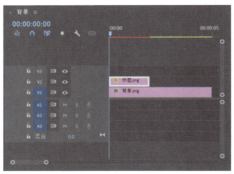

图 11-30

图 11-31

Step05：选中"时间轴"面板V2轨道中的素材，单击鼠标右键，在弹出的快捷菜单中执行"嵌套"命令，将其嵌套为"标题"，并双击打开嵌套序列，如图11-32所示。

Step06：使用文字工具在"节目"监视器面板中单击输入文字，选择一种较为可爱的字体，设置文字"填充"为白色，"阴影"为黑色，"阴影距离"为2.0，效果如图11-33所示。在"时间轴"面板中设置文字素材持续时间为2秒。

图 11-32

图 11-33

Step07：关闭嵌套序列"标题"。在"效果"面板中搜索"拆分（Split）"视频过渡效果，拖曳至V2轨道素材的入点处。搜索"交叉溶解"视频过渡效果，拖曳至V2轨道素材的出点处，如图11-34所示。

Step08：将"项目"面板中的"相框1.png"素材拖曳至V2轨道素材右侧，调整其持续时间为3秒5帧，如图11-35所示。

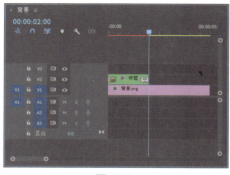

图 11-34

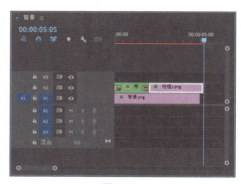

图 11-35

短视频剪辑、调色与特效制作（全彩微课版） ——DeepSeek+Premiere

Step09：选中"时间轴"面板中的"相框1.png"素材，在"效果控件"面板中设置其"位置"参数为（573.0,337.0），"缩放"参数为60.0，效果如图11-36所示。

Step10：选中"时间轴"面板中的"相框1.png"素材，单击鼠标右键，在弹出的快捷菜单中执行"嵌套"命令，将其嵌套为"相册1"，并双击打开嵌套序列，将素材移动至V5轨道中，如图11-37所示。

图 11-36　　　　　　　　　　　　　　　　　图 11-37

Step11：将"宠物1.jpg"拖曳至V1轨道中，调整其持续时间为1秒15帧，如图11-38所示。

Step12：选中V1轨道素材，在"效果控件"面板中设置"位置"参数为（363.0,216.0），"缩放"参数为30.0，"旋转"参数为4.0°，单击"不透明度"参数下方的"自由绘制贝塞尔曲线" 按钮，在"节目"监视器面板中绘制蒙版，如图11-39所示。

Step13：移动播放指示器至00:00:00:10处，将"宠物2.jpg"素材拖曳至V2轨道中，调整其持续时间为1秒15帧，如图11-40所示。

Step14：选中V2轨道素材，在"效果控件"面板中设置"位置"参数为（626.0,210.0），"缩放"参数为28.0，"旋转"参数为-5.0°，单击"不透明度"参数下方的"自由绘制贝塞尔曲线" ，按钮在"节目"监视器面板中绘制蒙版，如图11-41所示。

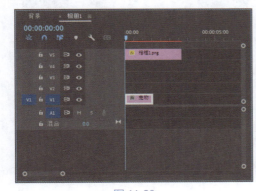

图 11-38

图 11-39

图 11-40

图 11-41

Step15：使用相同的方法，将"宠物3.jpg"素材拖曳至V3轨道中，将"宠物4.jpg"素材拖曳至V4轨道中，并调整持续时间为1秒15帧，入点相距10帧，如图11-42所示。

Step16：在"效果控件"面板中根据相框大小调整素材，并创建蒙版，如图11-43所示。

图 11-42

图 11-43

Step17：使用相同的方法，将"宠物5.jpg~宠物8.jpg"素材依次拖曳至V1-V4轨道素材右侧，素材出点与V5轨道素材一致，如图11-44所示。

Step18：在"效果控件"面板中根据相框大小调整素材，并创建蒙版，如图11-45所示。

Step19：关闭嵌套序列"相册1"。将"项目"面板中的"相框2.png"素材拖曳至V2轨道素材右侧，调整其持续时间为2秒，调整V1轨道素材持续时间为9秒，如图11-46所示。

Step20：移动播放指示器至00:00:05:05处，选中V2轨道最后1段素材，在"效果控件"面板中设置"位置"参数为（630.0,364.0），"缩放"参数为56.0，效果如图11-47所示。

图 11-44

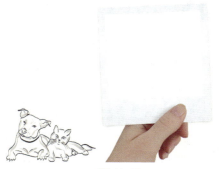

图 11-45

图 11-46

图 11-47

Step21：选中"时间轴"面板中的"相框2.png"素材，单击鼠标右键，在弹出的快捷菜单中执行"嵌套"命令，将其嵌套为"相册2"，并双击打开嵌套序列，如图11-48所示。

Step22：将视频素材拖曳至V1轨道中，取消音视频链接后删除音频部分，并调整素材持续时间为1秒10帧，如图11-49所示。

短视频剪辑、调色与特效制作（全彩微课版）　　——DeepSeek+Premiere

图 11-48 图 11-49

Step23：选中V1轨道素材，在"效果控件"面板中设置"位置"参数为（572.0,264.0），"缩放"参数为36.0，单击"不透明度"参数下方的"自由绘制贝塞尔曲线" 按钮，在"节目"监视器面板中绘制蒙版，如图11-50所示。

Step24：将"忠诚.jpg"素材拖曳至V1轨道素材右侧，调整其出点与V2轨道素材一致，如图11-51所示。

图 11-50

图 11-51

Step25：选中V1轨道的第2段素材，在"效果控件"面板中设置"位置"参数为（572.0,264.0），"缩放"参数为45.0，单击"不透明度"参数下方的"自由绘制贝塞尔曲线" 按钮，在"节目"监视器面板中绘制蒙版，如图11-52所示。

Step26：在"效果"面板中搜索"交叉溶解"视频过渡效果，拖曳至V1轨道素材相接处，如图11-53所示。

图 11-52

图 11-53

Step27：关闭嵌套序列"相册2"。移动播放指示器至00:00:07:05处，使用文字工具在"节目"监视器面板中单击输入文字"每个生命都值得被温柔以待"，"时间轴"面板中将自动出现文字素材，如图11-54所示。

Step28：在"时间轴"面板中调整文字素材出点与V1轨道素材一致，如图11-55所示。

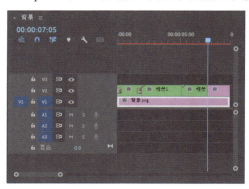
图 11-54

图 11-55

Step29：在V2轨道第3段素材的入点、第4段素材的入点和出点处添加"交叉溶解"视频过渡效果，如图11-56所示。

Step30：导入音频素材，并删除9秒之后的部分，如图11-57所示。

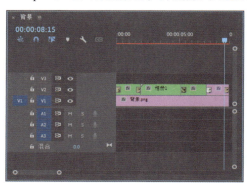
图 11-56

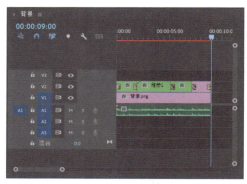
图 11-57

Step31：按Enter键渲染预览，效果如图11-58所示。

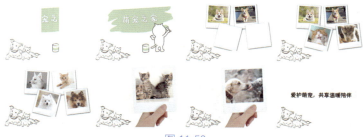
图 11-58

至此，完成宠物电子相册的制作。

11.3 文旅宣传短片

文旅宣传短片是一种强大的营销工具，可以直观高效地展示旅行地的魅力，提高知名度，促进营销与传播。

11.3.1 案例分析

本案例专注于打造一部引人入胜的旅行宣传短片，旨在通过精美绝伦的自然风光画面吸引潜在游客的目光。我们将巧妙地融合吸引人的宣传文案，生动展现目的地的独特魅力和地

短视频剪辑、调色与特效制作（全彩微课版） ——DeepSeek+Premiere

域特色，以激发观众对探索新地方的兴趣和渴望。通过这部短片，我们期望不仅能够促进观众对美丽景观的欣赏，还能引导他们亲身体验这些绝美之地带来的奇妙旅程。图11-59所示为最终效果。

图 11-59

11.3.2 制作思路

下面结合关键帧动画、视频效果等制作文旅宣传短片。

实例：文旅宣传短片
素材位置：配套资源\第11章\素材\"旅行"文件夹
实例效果：配套资源\第11章\效果\文旅宣传短片.mp4

Step01：新建项目和序列。按Ctrl+I组合键导入本案例素材文件，如图11-60所示。

Step02：双击"项目"面板中的"风铃.mp4"素材，在"源监视器"面板中打开，在00:00:09:11处设置入点，在00:00:11:10处设置出点，如图11-61所示。

图 11-60

图 11-61

Step03：将"源监视器"面板中的素材文件拖曳至"时间轴"面板中的V1轨道上，如图11-62所示。

Step04：使用相同的方法，在"源监视器"面板中打开"红叶.mp4"素材，在00:00:04:02处设置入点，并将素材拖曳至V1轨道上素材的右侧，如图11-63所示。

图 11-62

图 11-63

Step05：使用相同的方法，在"源监视器"面板中打开"航行.mp4"素材，在00:00:24:10处设置入点，并将素材拖曳至V1轨道上素材的右侧，如图11-64所示。

Step06：将"景色.mp4"素材拖曳至V1轨道上素材的右侧，单击鼠标右键，在弹出的快捷菜单中执行"缩放为帧大小"命令调整画面，效果如图11-65所示。

图 11-64

图 11-65

Step07：调整素材的持续时间为2秒，如图11-66所示。

Step08：将"森林.mov"素材拖曳至V1轨道上素材的右侧，在00:00:20:15处裁切素材，选中裁切处左侧素材并按Shift+Delete组合键波纹删除，如图11-67所示。

图 11-66

图 11-67

Step09：将"云.mov"素材拖曳至V1轨道上素材的右侧，在00:00:12:04处裁切素材，选中裁切处右侧素材并按Delete键删除，如图11-68所示。

Step10：调整最右侧一段素材的持续时间为3秒，如图11-69所示。

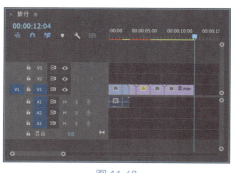

图 11-68

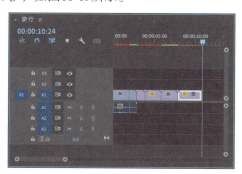

图 11-69

Step11：移动播放指示器至00:00:00:00处，使用"文字工具"在"节目监视器"面板中单击并输入文字，在"效果控件"面板中设置文字参数，如图11-70所示。效果如图11-71所示。

Step12：调整文字素材的持续时间为2秒，如图11-72所示。

Step13：选中文字素材，按住Alt键向右拖曳复制，并调整素材的持续时间与V1轨道上的素材一致，如图11-73所示。

短视频剪辑、调色与特效制作（全彩微课版） ——DeepSeek+Premiere

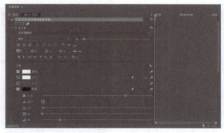
图 11-70

图 11-71

图 11-72

图 11-73

Step14：在"节目监视器"面板中调整文字内容，如图11-74所示。

Step15：使用相同的方法，复制文字并调整内容，如图11-75所示。

图 11-74

图 11-75

Step16：在"效果"面板中搜索"RGB曲线"效果，并拖曳至V1轨道的第3段素材上，在"效果控件"面板中设置曲线，如图11-76所示。效果如图11-77所示。

图 11-76

图 11-77

Step17：在"效果"面板中搜索"降噪"音频效果，并拖曳至A1轨道的第1段素材上。搜索"恒定功率"音频过渡效果，并拖曳至A1轨道上第1段素材的出点处，如图11-78所示。

Step18：在"效果"面板中搜索"交叉溶解"视频过渡效果，并拖曳至V1轨道上素材的相接处，如图11-79所示。

Step19：在"效果"面板中搜索"黑场过渡"视频过渡效果，并拖曳至V1轨道和V2轨道上素材的起始位置和结束位置，如图11-80所示。

Step20：调整"黑场过渡"视频过渡效果的持续时间为1秒，如图11-81所示。

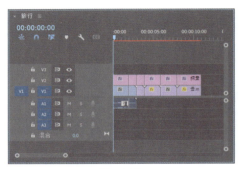
图 11-78

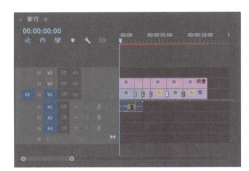
图 11-79

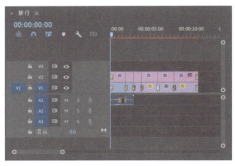
图 11-80

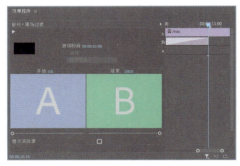
图 11-81

Step21：导入音频素材，添加至A2轨道上，裁切并删除00:00:10:24右侧的部分，如图11-82所示。

Step22：在"效果"面板中搜索"恒定功率"音频过渡效果，并拖曳至A2轨道上素材的起始位置和结束位置，如图11-83所示。

图 11-82

图 11-83

Step23：按Enter键播放预览，效果如图11-84所示。

图 11-84

至此，完成宣传短片的制作。

附录　Premiere Pro 高频快捷键汇总

　　在使用Premiere Pro软件时，用户可以使用其（默认）快捷键/组合键进行操作，以提高工作效率。如果与其他软件按键发生冲突，则可以对其进行自定义设置。

文件操作	
组合键	作用
Ctrl + Alt + N	新建项目
Ctrl + N	新建序列
Ctrl + O	打开项目
Ctrl + Shift + W	关闭项目
Ctrl + W	关闭
Ctrl + S	保存
Ctrl + Shift + S	另存为
Ctrl + I	导入
Ctrl + M	导出媒体
标记	
快捷键/组合键	作用
I	标记入点
O	标记出点
X	标记剪辑
/	标记选择项
M	添加标记
Shift + M	转到下一标记
Ctrl + Shift + M	转到上一标记
Ctrl + Alt + M	清除所选标记
Ctrl + Alt + Shift + M	清除所有标记
"时间轴"面板操作	
快捷键/组合键	作用
Alt + −	降低音频轨道高度
Alt + =	提升音频轨道高度
Ctrl + −	降低视频轨道高度
Ctrl + =	提升视频轨道高度
Alt + Backspace	波纹删除
Shift + ←	将时间线向左滑动5帧
←	将时间线向左滑动1帧
Shift + →	将时间线向右滑动5帧
→	将时间线向右滑动1帧

"时间轴"面板操作	
快捷键/组合键	作用
–	缩小
=	放大
Enter	渲染入点到出点的效果
Ctrl + R	速度/持续时间
编辑操作	
Ctrl + Shift + V	粘贴插入
Ctrl + Alt + V	粘贴属性
Delete	清除
Shift + Delete	波纹删除